"课课通"普通高校对口升学系列学习指导丛书

课课通
C语言（计算机类）

- 主 编 王 旋
- 副主编 董小莉 李 静 侯 娟

电子工业出版社

Publishing House of Electronics Industry

北京·BEIJING

内 容 简 介

本书是中等职业学校（三年）计算机类专业普通高校单独招生教学配套用书，是依据普通高校对口单独招生计算机专业综合理论考试大纲第二部分《C 语言》的要求编写的。本书由 C 语言基础知识、顺序结构程序设计、选择结构程序设计、循环结构程序设计、数组、字符数组与字符串、函数和文件等八章组成。每章按学习内容分若干小节，每小节均按学习目标、内容提要、例题解析、巩固练习四个环节展开。同时，配有单元测试卷与学科综合测试卷。

本书可作为中职计算机专业学生加强和完善 C 语言理论的自学用书，还可以作为高校学生计算机二级 C 语言考试复习用书。

未经许可，不得以任何方式复制或抄袭本书之部分或全部内容。
版权所有，侵权必究。

图书在版编目（CIP）数据

课课通 C 语言：计算机类/王旋主编. —北京：电子工业出版社，2013.9
（"课课通"普通高校对口升学系列学习指导丛书）

ISBN 978-7-121-21381-6

Ⅰ．①课⋯ Ⅱ．①王⋯ Ⅲ．①C 语言—程序设计—中等专业学校—升学参考资料 Ⅳ．①G634.673

中国版本图书馆 CIP 数据核字（2013）第 209485 号

策划编辑：张　凌　陶　亮
责任编辑：郝黎明　文字编辑：裴　杰
印　　刷：北京虎彩文化传播有限公司
装　　订：北京虎彩文化传播有限公司
出版发行：电子工业出版社
　　　　　北京市海淀区万寿路 173 信箱　邮编：100036
开　　本：787×1 092　1/16　印张：14　字数：243.2 千字
版　　次：2013 年 9 月第 1 版
印　　次：2025 年 2 月第 18 次印刷
定　　价：38.00 元

凡所购买电子工业出版社图书有缺损问题，请向购买书店调换。若书店售缺，请与本社发行部联系，联系及邮购电话：（010）88254888，88258888。
质量投诉请发邮件至 zlts@phei.com.cn，盗版侵权举报请发邮件至 dbqq@phei.com.cn。
本书咨询联系方式：（010）88254583，zling@phei.com.cn。

前 言

江苏省教育考试院 2010 年最新颁布的《江苏省普通高校对口单独招生计算机专业综合理论考试大纲》和《江苏省普通高校对口单招计算机类专业技能考试标准》中明确规定,《C 语言》在理论考试部分所占分值为 60 分,技能考试部分所占分值为 80 分,两项合计 140 分,而且,该部分考试时,能体现较大的区分度。因此,学好《C 语言》对于学生达到专业综合理论和专业技能考纲要求非常重要。然而,在实际的对口单招教学中,我们很难找到在内容的覆盖面和知识的深度上与考纲要求相匹配的教材与教辅资料,这给教学工作带来了许多不便。本书的编写初衷正是致力于解决这一问题,给广大的有志于通过普通高校对口升学进入大学深造的莘莘学子们提供学习上的便利,搭建一个强有力的平台。

本书在编写时,力求体现以下特色:

1．依据考纲要求,强化单招特色　本书的编写完全依据对口单招高考的要求,有别于一般中等职业教育的专业教材和教辅材料,强调对程序的结构理解,突出程序算法的指导。

2．针对考试特点,兼顾理论与技能　本书在编写过程中,在着重理论复习指导的同时,强调《C 语言》技能考核的内容:专门将字符数组和字符串的内容单独列出一章,突出这部分内容的地位,同时加强函数部分及文件部分的内容。

3．对应考纲内容,形成理论体系　按照够用、必需的原则,对应考纳要求进行内容的组织,使相关知识形成了较完整的体系,解决了目前中等职业教育相关教材知识不够系统、不够完整的问题。

4．结合单招实际,方便教学组织　本书的编写人员长期从事单招教学与研究工作,我们立足单招学生的实际基础水平与认知能力特点,结合单招高考的目标要求,精心组织内容,循序渐进,多角度地帮助学生理解知识,着力培养学生的知识应用能力。相信无论是对于老师的教学还是学生的学习,都会有一定的帮助与促进作用。

本书由 C 语言基础知识、顺序结构程序设计、选择结构程序设计、循环结构程序设计、数组、字符数组与字符串、函数和文件等八章组成。每章按学习内容分若干小节,每小节均按学习目标、内容提要、例题解析、巩固练习四个环节展开:

"学习目标"是对考纲要求的分解和细化,并有机整合了知识目标与能力目标;

"内容提要"是对学习重点、难点内容的归纳与提炼,对高考中可能超纲的内容,作出一些延伸和补充；

"例题解析"是围绕重点学习目标设置典型例题，而且大部分是历年高考题或江苏各大市高考模拟题，通过对问题的解析，提炼解决方法与思路，提高学生的解题能力；

"巩固练习"着眼于目标达成，强化能力训练，并按高考题的范式编制。

同时，为便于教学质量检测，每章均配有测试卷，另外还配有两套学科综合测试卷及参考答案。

本书由王旋老师担任主编，并编写了第6、7、8章。董小莉、李静和侯娟老师担任副主编，董小莉老师编写了第5章，李静老师编写了第2、4章，候娟老师编写了第1、3章。在本书的编写过程中，我们参考了部分专业书籍，获得了一些单招资深专家的指导和建议，在此，谨对这些资料的原作者以及指导、帮助本书编写的同志们一并表示衷心的感谢！

限于编者水平有限，加之时间仓促，本书难免存在不妥与疏漏，恳请广大读者批评指正。

编者

2013年6月

目 录

第 1 章　C 语言基础知识 ·· 1
　　1.1　C 语言的基本结构 ·· 2
　　1.2　程序的运行环境 ·· 3
第 2 章　顺序结构程序设计 ·· 7
　　2.1　运算符及表达式 ·· 8
　　2.2　格式化输入、输出语句 ·· 14
第 3 章　选择结构程序设计 ·· 20
　　3.1　if 语句 ·· 21
　　3.2　switch 语句 ··· 25
　　3.3　分支语句嵌套 ·· 30
第 4 章　循环结构程序设计 ·· 37
　　4.1　while 和 do/while 循环语句 ·· 38
　　4.2　for 循环语句 ··· 43
　　4.3　break 和 continue 语句 ·· 48
　　4.4　循环嵌套 ·· 52
第 5 章　数组 ·· 58
　　5.1　一维数组的定义及初始化 ·· 59
　　5.2　二维数组的定义及初始化 ·· 65
第 6 章　字符数组、字符串与字符串函数 ·· 72
　　6.1　字符数组与字符串 ·· 73
　　6.2　字符串函数 ·· 81
第 7 章　函数 ·· 89
　　7.1　函数的定义及类型 ·· 90
　　7.2　函数的调用及返回 ·· 95
　　7.3　函数的参数传递 ·· 101
　　7.4　变量的作用域及存储类别 ·· 111
　　7.5　函数的嵌套及递归调用 ·· 119
第 8 章　文件 ·· 126
　　8.1　文件指针及文件的打开和关闭 ·· 127
　　8.2　文件的读/写操作 ··· 131
　　8.3　文件中的常用函数 ·· 140

第 1 章　C 语言基础知识

考纲要求

- ◇ 了解编程语言的发展史和特点。
- ◇ 了解编程语言的种类及适用范围。
- ◇ 掌握程序结构的 main 函数。
- ◇ 理解头文件、数据说明、函数的开始和结束标志。
- ◇ 掌握源程序的书写格式。
- ◇ 理解 C 语言的风格。

1.1 C语言的基本结构

学习目标

1. 了解C语言的发展史。
2. 理解C语言的基本结构。
3. 能够正确书写源程序。

内容提要

一、C语言的发展史

C语言是在20世纪70年代初问世的。1978年由美国电话电报公司（AT&T）贝尔实验室正式发表了C语言。同时由B.W.Kernighan和D.M.Ritchit合著了著名的"THE C PROGRAMMING LANGUAGE"一书。通常简称为《K&R》，也有人称之为《K&R》标准。但是，在《K&R》中并没有定义一个完整的标准C语言，后来由（American Nati-onal Standards Institute）在此基础上制定了一个C语言标准，于1983年发表，通常称之为ANSIC。

二、C语言的特点

C语言之所以发展迅速，且成为最受欢迎的语言之一，主要是因为它具有强大的功能，许多著名的系统软件，例如UNIX/Linux、Windows都是由C语言编写的。

归纳起来，C语言具有下列特点：

（1）语言简洁、紧凑，使用方便、灵活。

（2）运算符丰富。共有34种。C语言把括号、赋值、逗号等都作为运算符处理。从而使C语言的运算类型极为丰富，可以实现其他高级语言难以实现的运算。

（3）数据结构类型丰富。

（4）具有结构化的控制语句。

（5）语法限制不太严格，程序设计自由度大。

（6）C语言允许直接访问物理地址，能进行位（bit）操作，能实现汇编语言的大部分功能，可以直接对硬件进行操作。因此有人把它称为中级语言。

（7）生成目标代码质量高，程序执行效率高。

（8）与汇编语言相比，用C语言写的程序可移植性好。

三、C语言的基本结构

下面我们通过一个简单的C程序实例，初步了解C语言的基本构成。

在屏幕上输出一行信息"这是第1个简单的C程序"。

```
    #include<stdio.h>              /*这是头文件*/
    void main()
    {
    int i;
    i=1;
    printf("这是第%d个简单的C程序",i);
    }
```

（1）C 程序是由函数构成的。一个 C 源程序至少且仅包含一个 main 函数，也可以包含一个 main 函数和若干个其他函数。

（2）一个函数由两部分组成：函数的首部和函数体两个部分。

（3）一个 C 程序总是从 main 函数开始执行的，不论 main 函数在整个程序中的位置如何。

（4）C 程序书写格式自由，一行内可以写几个语句，一个语句可以分写在多行上，C 程序没有行号。

（5）每个语句和数据声明的最后必须有一个分号。

（6）C 语言本身没有输入/输出语句，输入和输出的操作是由库函数 scanf 和 printf 函数等来完成的。

（7）可以用/*……*/（或//）对 C 程序中的任何部分做注释。

1.2 程序的运行环境

学习目标

1. 理解 C 程序的设计步骤。
2. 掌握 Visual C++ 6.0 集成开发环境。

内容提要

一、C 程序的设计步骤

在前面我们看到的用 C 语言编写的程序是源程序，计算机须用编译程序把 C 源程序翻译成目标程序，再与系统的数据库以及其他目标程序连接起来，形成可执行的目标程序。

写好一个程序后，要经过这样几个步骤：上机输入与编辑源程序→对源程序进行编译→与库函数连接→运行目标程序。例如，编辑后得到一个源程序文件 a.c，然后在进行编译时再将源程序文件 a.c 输入，经过编译得到目标文件 a.obj，再将目标程序文件 a.obj 输入内存，与系统提供的库函数等连接，得到可执行的目标程序 a.exe，最后把 a.exe 调入内存并使之运行，如图 1-2-1 所示。

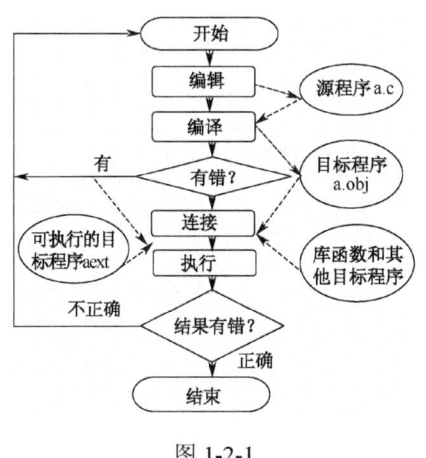

图 1-2-1

二、Visual C++ 6.0 集成环境

1. C语言的编译环境。

为了编译、连接和运行C程序，必须要有相应的编译系统，常用的有 Turbo C2.0、Turbo C++3.0、Visual C++等。20世纪90年代，Turbo C2.0用得比较多，但 Turbo C2.0 是用于 DOS 的环境，在进入 Turbo C 继承环境后，不能用鼠标进行操作，主要通过键盘选择菜单，操作上不方便。有的人改用 Turbo C++3.0，它具有方便、直观和易用的界面，虽然它也是 DOS 环境下的集成环境，但是它可以用鼠标操作菜单，因此在 Windows 环境下使用也很方便。进来，不少人用 Visual C++对 C 程序进行编译。Visual C++6.0 既可以对 C++程序进行编译，也可以对 C 程序进行编译。本书的程序调试采用 Visual C++6.0 程序。

2. Visual C++ 6.0（VC++6.0）开发环境

在 Windows 开始菜单中单击"所有程序"/Microsoft Visual Studio 6.0/ Microsoft Visual C++ 6.0 即可启动 VC++ 6.0 环境，如图1-2-2所示。

图 1-2-2

窗口标题栏下是主菜单，为方便操作，VC++ 6.0 集成环境中提供了多种工具栏，常用的是标准工具栏和编译工具栏，如图1-2-3所示。

图 1-2-3

编写 C 程序的一般步骤为：建立工程文件→建立源程序文件→编辑源程序→编译源程序→程序调试→运行程序。

例题解析

【例 1-2-1】 编写程序计算 a 与 b 的和 sum，设 a=123，b=345。

解题分析 本题主要考查 Visual C++ 6.0 软件的使用。

答案

1．单击"文件"→"新建"菜单命令，在弹出的"新建"对话框中选择"工程"选项卡，在工程选项卡中选择"Win32 Console Application"，并在右边的位置填写工程名和选择存放工程的位置，再单击"确定"按钮，在弹出的窗口中选"一个空工程"再单击"确定"按钮，如图1-2-4所示。

第1章　C语言基础知识

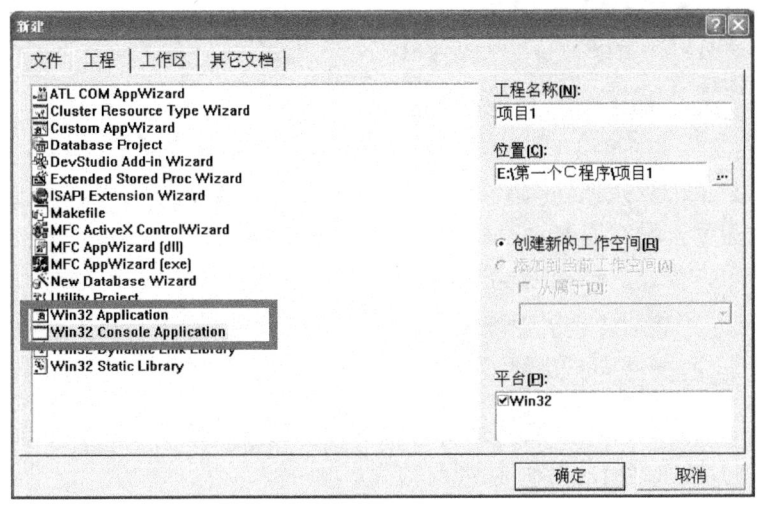

图 1-2-4

2．单击"文件"→"新建"菜单命令，在弹出的"新建"窗口中选择"文件"选项卡，在文件选项卡中选择"C++Source File"，注意在写文件名时一定要加.c 后缀，如图 1-2-5 所示。

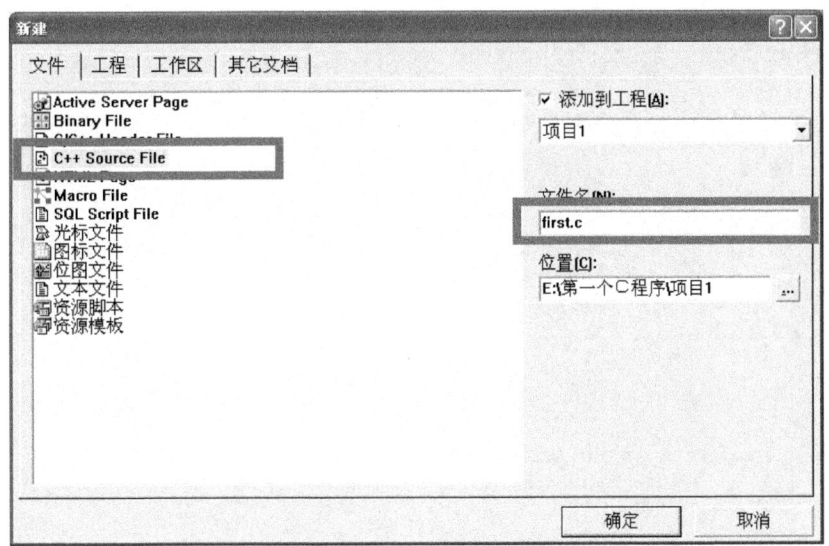

图 1-2-5

3．在弹出的窗口中编写程序。

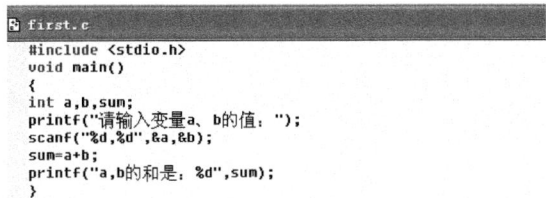

4．单击工具栏上的编译按钮，或者使用快捷键【Ctrl+F7】进行编译，编译后生成目标文件，并查看编译的过程中是否会出现语法错误。

5．单击工具栏上的连接按钮▣，或者使用快捷键【F7】进行连接，连接后生成可执行的 exe 文件，这时也需要查看在连接过程中是否有警告和错误出现。

6．再运行程序并且查看运行的结果是否正确，这时可以单击工具栏上的运行按钮❗，或者使用快捷键【F5】键来运行程序并且查看结果。

巩固练习

在 Visual C++ 6.0 环境中，设计一个简单的 C 程序。

第 2 章　顺序结构程序设计

考纲要求

- ◆ 理解 C 语言运算符的种类、运算优先级、结合性。
- ◆ 理解不同类型数据间的转换与运算。
- ◆ 掌握 C 语言表达式类型（赋值表达式、算术表达式、关系表达式、逻辑表达式、条件表达式）和求值规则。
- ◆ 掌握表达式语句、空语句、复合语句。
- ◆ 掌握输入/输出函数。

2.1 运算符及表达式

学习目标

1. 理解 C 语言运算符的种类、运算优先级、结合性。
2. 理解不同类型数据间的转换与运算。
3. 掌握 C 表达式类型(赋值表达式、算术表达式、关系表达式、逻辑表达式、条件表达式)和求值规则。
4. 掌握表达式语句、空语句、复合语句。

内容提要

一、算术运算符和算术表达式

C 语言运算符是表示各种数据操作的符号。运算符是数据运算的规则。不同的运算符具有不同的运算规则，本章我们主要介绍以下几类 C 语言的运算符。

- 算术（自增/自减）运算符：(+, -, *, /, %、++、--)
- 关系运算符：(>, <, >=, <=, !=, ==)
- 逻辑运算符：(!, &&, ||)
- 赋值运算符：(=)
- 条件运算符：(?:)
- 逗号运算符：(,)
- 强制类型转换运算符：(类型名称) 如：(int), (double)

1．算术运算符

除法运算符记为"/"，当除号两边都为整数时，结果依然为整数，其值采用向 0 取整。
如：2/3=0，3/2=1，2/3.0=0.666667，3/2.0=1.5。
求余运算符记为"%"，要求求余运算两边都为整数，运算结果符号与前数保持一致。
如：5%3=2，-5%3=-2，5%(-3)=2，-5%(-3)= -2。
自加运算符记为"++"，其功能是使变量的值自加 1。
自减运算符记为"--"，其功能是使变量的值自减 1。
自加、自减运算符均为单目运算，都具有右结合性。

注意 符号在前，先变化后应用，符号在后，先应用后变化，同一个变量多次自增自减注意方向自右向左。

如

```
int i=1,j=2;
printf("%d \n",i---j);
printf("%d \n,%d",i,j);
printf("%d,%d \n",++i,j--);
printf("%d,%d \n",i,j);
printf("%d,%d \n",++i,i--);
printf("%d,%d \n",i,j);
```

程序运行结果为：
$$-1$$
$$0,2$$
$$1,2$$
$$1,1$$
$$2,1$$
$$1,1$$

因为自加、自减运算符均为单目运算，都具有右结合性，故 i---j 中自减运算符属于 i(i--)，因符号在后，故先应用 printf("%d \n",i-j)，再变化 i--。程序第 4 行可理解分成 3 步执行：第 1 步++i；第 2 步 printf("%d,%d \n",i,j)；第 3 步 j--。程序第 6 行属于同一个变量多次自增自减，方向自右向左。可理解分成 3 步执行：第 1 步 i--，此时符号在后，先输出 i，即 1；第 2 步++i，此时符号在前，先变，i 变成 2，再输出 i，即 2，第 3 步：执行第 1 步中 i--，i 变成 1。

2．算术表达式优先级

算数运算符中++、--优先级最高，其次是*、/、%，最后是+、-。

3．强制类型转换运算符

其一般形式为：

（类型说明符）（表达式）

其功能是把表达式的运算结果强制转换成类型说明符所表示的类型，当强制类型转换符为 int 时，其值向 0 取整。

如：(int)(3.6)=3，(int) (-3.6)=-3。

二、赋值运算符和赋值表达式

1．赋值运算符

一般形式为：

变量=表达式

如 a=c+b 读作将表达式 c+b 的值赋给变量 a。

赋值运算的运算过程是先计算"="右边表达式的值再赋给"="左边的变量。赋值运算符的结合性是从右向左。因此 a=b=c=5；可理解为 a=(b=(c=5))。

2．复合的赋值运算符

在赋值符"="之前加上其他双目运算符可构成复合赋值符，如+=,-=,*=,/=,%=等。

一般形式为：

变量　双目运算符=表达式

等价于：变量=变量 运算符 (表达式)

例如：

a+=4 等价于 a=a+4

a*=b+2 等价于 a=a*(b+2)

x%=z 等价于 x=x%z

三、逗号运算符和逗号表达式

一般格式：

表达式 1，表达式 2

逗号运算符的功能是把两个表达式连接起来组成一个表达式，称为逗号表达式。其求值过程是分别求两个表达式的值，并以表达式 2 的值作为整个逗号表达式的值。

逗号表达式一般形式中的表达式 1 和表达式 2 也可以是逗号表达式。

如：表达式 1,(表达式 2,表达式 3),形成了嵌套情形。因此可以把逗号表达式扩展为：表达式 1,表达式 2,…,表达式 n,整个逗号表达式的值等于表达式 n 的值。但运算顺序从左到右。

如：

```
#include<stdio.h>
main( )
{ int x=2,y=3,z=4;
 z=x,y;
 printf("x=%d ,y=%d,z=%d\n",x,y,z);
 x=(x-y,x+y) ;
 y=(y=z,2*y);
 printf("x=%d ,y=%d,z=%d ",x,y,z);
 }
```

程序运行结果为：x=2，y=3，z=2
　　　　　　　　 x=5，y=4，z=2

注意 第 4 行程序 z=x,y 中逗号表达式是 x,y，而第 7 行 y=(y=z,2*y)中逗号表达式是 y=z,2*y，先算表达式 1 的值，即 y=z，再算 2*y。

四、关系运算符和关系表达式

关系运算：对两个量进行"比较运算"，返回逻辑值。在 C 语言中"真"用"1"表示，"假"用"0"表示，但除了"0"以外其他都为"真"。

关系运算符：<、<=、>、>=、= =、!=
　　　　　　　　高　　　　　低
运算符优先级：算术运算符、关系运算符、赋值运算符
　　　　　　　　高 ──────────→ 低

如：c>a+b 等价于 c>(a+b)，而 a==b<c 等价于 a==(b<c)

五、逻辑运算符和逻辑表达式

逻辑运算符：　！（非）：非假为真，非真为假。口诀：真假颠倒。
　　　　　　　&&（与）：两边都为真时为真，其余为假。口诀：有假出假。
　　　　　　　||（或）：两边都为假时为假，其余为真。口诀：有真出真。

运算符优先级：

　　！(非)　　　　高
　　算术运算符　　↑
　　关系运算符
　　&&
　　||
　　赋值运算符　　低

六、条件运算符与条件表达式

（1）条件运算符：? :
（2）条件表达式：表达式1 ? 表达式2 : 表达式3
（3）执行过程：

先求表达式 1 的值，若其为真（非 0）时，则求表达式 2 的值，且整个条件表达式的值等于表达式 2 的值；若表达式 1 为假（0）时，则求表达式 3 的值，且整个条件表达式的值等于表达式 3 的值。

（4）优先级：条件运算符高于赋值运算符，低于算术运算、关系运算。
（5）结合性：右结合。

如：a>b?a:c>d?c:d 等价于：a>b?a:(c>d?c:d)

例：已知两个数，求最大数？

```
void main( )
{   int a,b,max;
scanf("%d%d",a,b);
max=a>b?a:b;
printf("%d\n",max);
}
```

例题解析

【例 2-1-1】 阅读下列程序并写出程序运行结果。
```
void main( )
{   int a=5,b=4;
printf("%d,%d\n",a++,b--);
printf("%d,%d\n", ++ a, --b);
printf("%d,%d\n", ++ a, b--);
printf("%d,%d\n",a++, --a);
printf("%d,%d\n",--a, a++);
printf("%d,%d\n",++a, a--);
printf("%d,%d\n",++a, --a);
printf("%d,%d\n",++a, ++ a);
}
```

解题分析 自加、自减运算符均为单目运算，都具有右结合性。当符号在前，先变化后应用，当符号在后，先应用后变化，同一个变量多次自增自减应注意方向自右向左。

答案

a=0,i=1
a=2,i=4
a=10,i=7
a=24,i=10

【例 4-1-2】 已知 int a=7，b=3；则：表达式运算后 a 的值各为多少。

a+=a
a*=1+3
a /=a+a

b%=(b%=2)
a+=a*=a-=3

解题分析 变量 双目运算符= 表达式 等价于：变量=变量 运算符 (表达式) 注意赋值运算符的结合性是从右向左。

a+=a　　　　　等价于　a=a+a
a*=1+3　　　　等价于　a=a*(1+3)
a/=a+a　　　　等价于　a=a/(a+a)
b%=(b%=2)　　 等价于　b=b%(b=b%2)
a+=a*=a-=3　　等价于　a=a+(a=a*(a=a-3))

答案
14
28
0
0
32

巩固练习

一、单项选择题

1. 7%2 的值是（　　）。
   A．3.5　　　　　B．3　　　　　C．1　　　　　D．5

2. 在以下各项的运算符中，要求运算数必须是整形的运算符是（　　）。
   A．*　　　　　B．/　　　　　C．%　　　　　D．++

3. 设 int a=15，b=2；int c=16；表达式 b*c%a 的值是（　　）。
   A．1　　　　　B．2　　　　　C．3　　　　　D．4

4. 变量均是整型，且 num=sum=7；则执行表达式 sum++；++num；sum+=num++；后，sum 的值是（　　）。
   A．17　　　　　B．18　　　　　C．15　　　　　D．16

5. 若有以下定义：int x=7，k=9；则 x*=(k%5)的表达式是（　　）。
   A．14　　　　　B．28　　　　　C．7　　　　　D．0

6. 'A'>='A' 的值是（　　）。
   A．0　　　　　B．1　　　　　C．假　　　　　D．3

7. 设 a=0，b=4，c=5；则执行表达式！(a+b)+c-1&&b+c/2 的值为（　　）。
   A．6.5　　　　　B．1　　　　　C．2　　　　　D．0

8. 若 m=2，x=3，y=5，z=6，则执行下面语句后的 m 的值是（　　）。
   m=(m<x)?m：x；
   m=(m>y)?m：y；
   m=(m<z)?m：z；
   A．3　　　　　B．4　　　　　C．5　　　　　D．6

9. 已知 int x=1，y；执行以下语句：y=x--；y+=x++；后，变量 x，y 的值分别是（　　）。

A．2 1   B．1 2   C．4 3   D．1 1
10． 已知定义：int a=11，b=6；则表达式为 a%=b+2 的值是（   ）。
A．3   B．5   C．7   D．8

二、填空题

11． 计算 a，b 的平方差，表达式应写成 _____。
12． 设 int a=2，b=3，则执行 a=b/2+3；语句后，a 的值是_____。
13． 逗号表达式 2+1，0，8 的值是_____。
14． 设 float a=1，b=5；则执行 a=b/2+3；语句后，a 的值是_____。

三、程序阅读题

15．
```
void main( )
{   int x=2,y=3,z=4;
    x-=y+=z;
    printf("%d\t%d\t%d\n",x,y,z);
    printf("%d\n",z=x>y?x+++y:y++);
    printf("%d\t%d\n",y,z);
    printf("%d\n",x<y?y:x);
    printf("%d\n",x<y?x++:y++);
    printf("%d\t%d\n",x,y);
    printf("%d\n",(z>=y&&y==x)?1:0);
    printf("%d\n",z<=y&&y>=x);
}
```
该程序运行后的结果为_____

16．
```
#include<stdio.h>
void main()
{
int a=2,b;  float x=-3.2;
b=(int)x*2;
a=b++;
printf("%d,%d\n",a,b);
b=a%3;   a=--b;
printf("%d,%d\n",a,b);
}
```
该程序运行后的结果为_____

四、编程题

17． 键盘输入 3 个整数，求和输出。

18. 假设 x 是一个 3 位数，写出将 m 的个位，十位，百位反序而成的三位数（例如：345 反序为 543）。

2.2 格式化输入、输出语句

学习目标

1. 理解输入函数和输出函数在 C 程序中的作用。
2. 熟练掌握 printf 函数和 scanf 函数的具体使用方法。
3. 理解格式化输入和格式化输出的格式。

内容提要

一、格式化输出

在前面的章节中，我们已经遇到过 printf 函数（格式化输出函数）和 scanf 函数（格式化输入函数），其关键字最后一个字母 f 即为"格式"(format)之意。printf 函数的功能是按用户指定的格式，把指定的数据显示到显示器屏幕上，而 scanf 函数的功能是将用户从终端输入的数据输入到程序中。

1. printf 的一般格式

```
printf("格式控制字符串",输出表列)
```

例如：printf("%d, %c", a,b);

（1）格式控制字符串

包括两部分，格式说明和普通字符。格式字符串是以%开头的字符串，在%后面跟有各种格式字符，以说明输出数据的类型、形式、长度、小数位数等。如%d：整型输出，%c：字符型输出。普通字符是需要原样输出的字符。

（2）输出表列

输出表列中给出了各个输出项，可以是变量，也可以是表达式，但格式字符串和各输出项要求两者在数量和类型上一一对应。

如格式化输出

```
#include <stdio.h>
void main()
{
int a=88,b=89;
printf("%d %d\n",a,b);
printf("%c,%c\n",a,b);
printf("a=%d,b=%c\n ",a,b);
}
```

程序运行结果为：

88 89

x,y

a=88，b=y

　printf格式说明字符见表2-2-1。

表2-2-1　printf 格式说明字符

格式字符	意义
d	以十进制形式输出带符号整数(正数不输出符号)
o	以八进制形式输出无符号整数(不输出前缀 0)
x,X	以十六进制形式输出无符号整数(不输出前缀 0x)
u	以十进制形式输出无符号整数
f	以小数形式输出单、双精度实数
e,E	以指数形式输出单、双精度实数
g,G	以%f 或%e 中较短的输出宽度输出单、双精度实数
c	输出单个字符
s	输出字符串

2．格式字符

一般形式为：

[-][m][.n][l]类型

各项的意义介绍见表 2-2-2。

表2-2-2　printf 附加格式说明字符

-	输出的数字或字符在区域内向左靠齐
m	数据的最小宽度
n	对于实数，表示输出 n 位小数；对于字符串，表示截取的字符个数
l	用于长整型，可加在格式符 d、o、u、x 前面

3．调用 printf 函数时的注意事项

（1）在格式控制串中，格式说明与输出项从左到右在类型上必须一一对应匹配。

（2）在格式控制串中，格式说明与输出项的个数应该相同。

（3）在格式控制串中，除了合法的格式说明外，可以包含任意的合法字符(包括转义字符)，这些字符在输出时将"原样输出"。

（4）如果需要输出%，则应该在格式控制串中用两个连续的百分号%%来表示。

（5）printf 函数的返回值通常是本次调用中输出字符的个数。

二、格式化输入

1．scanf 函数一般格式

scanf("格式控制字符串"，地址表列)

例如：scanf("%d，%c"，&a,&b);

其中，格式控制字符串的作用与 printf 函数相同，但不能显示非格式字符串，也就是不能显示提示字符串。地址表列中要求是变量的地址，而不是变量名。地址是由地址运算符"&"后跟变量名组成的。

如下列程序：

```
#include <stdio.h>
void main()
{
int a,b;
scanf("%d%d",&a,&b)
printf("a=%d,b=%d\n ",a,b);
printf("a=%c,b=%c\n",a,b);
}
```

在键盘中输入 97 98↙

程序运行结果为：

a=97,b=98

a=a,b=b

注意 "%d%d"表示要按照十进制整数形式输入两个数据，输入数据时，在这两个数据之间可以用一个或多个空格来间隔，也可以用回车键或者 Tab 键。所以上例中，也可以用以下的输入方式：

97↙ 98↙　　　　或

97 Tab 98↙

2．格式字符

与 printf 函数中的格式说明类似，以%开头，以一个格式字符结束，中间可以插入附件的字符，见表 2-2-3。

表 2-2-3　scanf 附加格式说明字符

域宽	指定输入数据所占宽度（列数），域宽应为正整数
*	表示本输入项在读入后不赋给相应的变量
h	用于输入短整型数据
l	用于输入长整型，以及 double 型数据

3．调用 scanf 函数时的注意事项

（1）scanf 函数中的"格式控制字符串"后面应当是变量地址，而不应是变量名。

（2）如果在"格式控制字符串"中除了格式说明以外还有其他字符，则在输入数据时在对应位置应输入与这些字符相同的字符。

（3）在用"%c"格式输入字符时，空格字符和转义字符都作为有效字符输入。

（4）在输入数据时，遇到以下情况时认为该数据结束：

①遇空格，或按【Enter】或者【Tab】键。

②按指定的宽度结束，如"%3d"，只取 3 列。

③遇非法输入。

（5）输入数据时不能规定精度。

例题解析

【例 4-2-1】 写出下列程序的运行结果。

```c
#include <stdio.h>
void main()
{
int a=7,b=5;
float x=3.141,y=-42.9371;
char c='a';
printf("%d,%d\n",a,b);
printf("%f,%f\n",x,y);
printf("%d,%c\n",c,c);
printf("%o,%x\n",c,c);
printf("%3f,%10f\n",x,y);
printf("%10f,%-10f\n",x,y);
printf("%.5f,%7.2f\n",x,y);
}
```

解题分析 %d 表示整型输出，%f 表示小数形式输出，有效小数位数为 6 位，%c 表示字符型输出，%s 表示原样输出字符串（不含引号），%o 表示八进制输出，%x 表示十六进制输出。另外常用的输出格式还有下列形式：

%md：指定输出字段宽度为 m，若输出位数小于 m，左边补空格

%ms、%-ms：同%md

%m.ns：输出占 m 列，但只取字符串左侧 n 个字符，m>n 时左补空格

%m.nf：输出占 m 列，其中 n 位小数，不足左侧补空格

答案

7,5

3.141000,-42.937100

97,a

141,61

3.141,□□-42.9371

□□□□□3.141,-42.9371

3.14100,□-42.94

【例 4-2-2】 写出下列程序的运行结果

```c
#include <stdio.h>
void main()
{
scanf("%3d%3d",&a1,&a2);
scanf("%2d %*3d %2d",&b1,&b2);
scanf("%3c",&c);
printf("a1=%d,a2=%d\n",a1,a2);
printf("b1=%d,b2=%d\n",b1,b2);
printf("c=%c\n",c);
}
```

从键盘中输入

123456↙

12□345□67↙

abc

解题分析 因为程序指定的宽度%3d，所以a1，a2各取3列，%*3d读取后不赋值给变量，故b1=12,b2=67。字符变量c只能存放一个字符，读取第一个字符存放。

答案
a1=123，a2=456
b1=12，b2=67
c=a

【例4-2-3】 写出下列程序运行结果。
```
#include <stdio.h>
void main()
{
char c1,c2;
scanf("%c%c",&c1,&c2);
printf("c1=%c,c2=%c\n",c1,c2);
}
```
在键盘中输入 ab↙

解题分析 若在键盘中输入 a，b↙，则程序的运行结果为 c1=a，c2=b，若程序中的输入函数写成 scanf("%c，%c"，&c1，&c2)，那么在输入时则需要输入 a，b↙，这时的逗号不是间隔符，而是格式控制中的逗号。在使用 scanf 函数时，注意函数中格式控制字符串，输入数据时就按照原样输入。

答案
c1=a，c2=b

巩固练习

一、写出下列程序运行结果

1.
```
#include<stdio.h>
void main()
{
int x=2,y=8;
float a=1.68;
double b=1.987654321;
printf("注意输入的格式，思考原因\n");
printf("%5d",x);
printf("y=%5d",y);
printf("\n");
printf("x+y=%5d\n",x+y);
printf("%5f\t,一位小数：%5.1f\t三位小数%5.3f\n",a,a,a);
printf("%5f\t,%5.1f\t,%5.3f\n",b,b,b);
}
```
该程序的运行结果为_____。

2.
```
# include<stdio.h>
void main()
{
int a=108; char c='a'; float x=4.835;
```

```
    printf("%d,%o,%x\n",a,a,a);
    printf("%4d\n%2d\n",a,a);
    printf("%3c\n%c\n",c,c);
    printf("%d\n%c\n",c,c);
    printf("%s\n%4s\n%6s\n%-6s\n ","hello","hello","hello","hello");
    printf("%5.4s\n%4.5s\n%-5.4s\n","hello","hello","hello");
    printf("%f\n%4.1f\n%-4.1f\n %6.2f\n",x,x,x,x);
    a*=2+5;
    printf("%d \n",a);
}
```

该程序的运行结果为_____

二、编程题

3．统计 10 计 1 小明的期末总分及平均分（假设 4 门科目，数据结果保留 1 位小数）。

4．设圆半径 *r*=1.5，圆柱高 *h*=3，求圆面积、圆柱体积。用 scanf 输入数据，输出结果取小数点后 2 位数字。

第 3 章　选择结构程序设计

考纲要求

- ◇ 掌握 if 语句。
- ◇ 理解 switch 语句实现多分支选择。
- ◇ 理解选择结构的嵌套。

3.1 if 语句

学习目标

1. 掌握 if 语句的一般格式；
2. 理解 if 语句的执行过程；
3. 会用 if 语句设计程序。

内容提要

一、if 语句

if 语句是选择结构的一种形式，它根据给定的条件进行判断，并执行给定的两种操作之一。

二、if 语句的形式

1. 不含 else 的语句

（1）一般格式

```
if（表达式）语句
```

表达式一般为关系表达式或逻辑表达式，但也可以是其他任意合法的表达式。

（2）执行过程

先计算表达式的值，如果表达式的值为真，则执行语句；否则直接退出 if 语句，继续执行 if 语句后面的部分。

注意 表达式后不能加分号，否则表达式的值为真时，则执行空语句。

2. if-else 语句

（1）一般格式

```
if（表达式）
语句A；
else
语句B；
```

（2）执行过程

先计算表达式的值，如果为真，则执行语句 A；否则执行语句 B。该格式中的语句 A 和语句 B 有且仅有一个会得到执行。

3. if-else if 语句

（1）一般格式

```
if（表达式1）
语句1；
else if(表达式2)
语句2；
……
```

```
else if(表达式 n)
    语句 n;
else
    语句 n+1;
```

（2）执行过程

先计算表达式 1 的值，若为真，则执行语句 1；否则计算表达式 2 的值，若为真，则执行语句 2；否则计算表达式 3 的值，若为真，则执行语句 3；……否则计算表达式 n 的值，若为真，则执行语句 n；否则执行语句 n+1。

注意 该格式中的语句 1 到语句 n+1 有且只有一个会得到执行。

例题解析

【例 3-1-1】 在 C 语言中，if 语句用作判断的表达式可以是（　　）。

A．必须是逻辑表达式　　　　　　B．必须是关系表达式
C．必须是算术表达式　　　　　　D．可以是任意合法的表达式

解题分析 本题主要考查 if 语句的一般格式。在 C 语言中，对于 if 语句用作判断的表达式可以是关系表达式、逻辑表达式也可是算术表达式等。

答案 D

【例 3-1-2】 阅读下列程序，其运行结果是（　　）。

```c
#include <stdio.h>
main()
{   int a=4;
    if(a++>4)
        printf("%d",a);
    else
        printf("%d",--a);
}
```

A．3　　　　B．4　　　　C．5　　　　D．6

解题分析 本题是一个双分支的 if 语句，主要考查对双分支 if 语句执行过程的理解。本题先计算表达式 a++>4 的值，因为 a++>4 是先比较后自加，所以表达式的值为 0，将执行 else 后的语句。综上所述，不难得出答案。

答案 B

巩固练习

一、单项选择题

1. 设 int x,a,b,c；请选出合法的 if 语句（　　）。
    A．if(a=b) x++;　　　　　　　　B．if(a<=b) x++;
    C．if(a<>b) x++;　　　　　　　　D．if(a=>b) x++;

2. 以下不正确的 if 语句是（　　）。
    A．if(x>y&&x!=y);
    B．if(x==y)x+=y;

C．if(x!=y)scanf("%d",&x)　else scanf("%d",&y);
D．if(x<y){x++;y++;}

3. 有以下程序
```
main()
{ int i=1,j=1,k=2;
  if((j++||k++)&&i++) printf("%d,%d,%d\n",i,j,k);
}
```
执行上述程序后的输出结果是（　　）。

　　A．1,1,2　　　　　　　　　　　　B．2,2,1
　　C．2,2,2　　　　　　　　　　　　D．2,2,3

4. 有以下程序
```
main()
{   int a=5,b=4,c=3,d=2;
if(a>b>c)
printf("%d\n",d);
else if((c-1>=d)==1)
printf("%d\n",d+1);
else
printf("%d\n",d+2);
}
```
执行上述程序后的输出结果是（　　）。

　　A．2　　　　B．3　　　　C．4　　　　D．编译时有错，无结果

5. 以下程序的输出结果是（　　）。
```
main()
{
int  a=5,b=4,c=6,d;
printf("%d\n",d=a>b?(a>c?a:c):(b));
}
```
　　A．5　　　　B．4　　　　C．6　　　　D．不确定

6. 已知 int x=10, y=20, z=30; 以下语句执行后 x, y, z 的值是（　　）。

if(x>y)

z=x;x=y;y=z;

　　A．x=10,y=20,z=30　　　　　　　B．x=20,y=30,z=30
　　C．x=20,y=30,z=10　　　　　　　D．x=20,y=30,z=20

7. 以下选项中,两个条件语句语义等价的是（　　）。

　　A．if(a=2)printf("%d\n",a);
　　　　if(a==2)printf("%\n",a);
　　B．if(a−2)printf("%d\n",a);
　　　　if(a!=2)printf("%\n",a);
　　C．if(a)printf("%d\n",a);
　　　　if(a==0)printf("%\n",a)
　　D．if(a−2)printf("%d\n",a);
　　　　if(a==2)printf("%\n",a);

二、写出下列程序的运行结果

8.
```
#include<stdio.h>
void main( )
{ int a=0,b=-1,c=2;
if(a)
{ if(b<0)  c=0;}
else c++;
```

```
          printf("%d",c);
        }
```
该程序运行后的输出结果为＿＿＿＿＿＿＿＿＿＿＿＿＿＿

9.
```
        #include<stdio.h>
        void main( )
        { int a,b=1;
          scanf("%d",&a);      //分别输入 a=1 和 a=2
          if(a>1)
            if(a>3) b=b+2;
            else b=b+1;
          else b=1;
          printf("%d",b);
        }
```
该程序运行后的输出结果为＿＿＿＿＿＿＿＿＿＿＿＿＿＿

10.
```
        #include<stdio.h>
        void main( )
        {
          float  a, b;
          scanf("%f",&a);       //输入 a 的值为 5
          if(a<0)b=0;
          else if(a<0.5) b=1.0/(a+2.0);
          else if(a<10.0) b=1.0/a;
          else  b=10.0;
          printf("%f\n",b);
        }
```
该程序运行后的输出结果为＿＿＿＿＿＿＿＿＿＿

三、编程题

11. 某游泳馆全年按季度实施打折策略，第一季度打六折，第二季度打八折，第三季度不打折，第四季度打八折。输入月份，判断即时的门票。（原价为 80 元/人）

12. 某旅行社推出欧洲十日游组团优惠方案，每年暑假都是旅行旺季，为了更好地吸引顾客，各旅行社都提出各种优惠套餐；某旅行社推出的优惠方案如下：

组团人数	原价：元/人	优惠政策
2～9 人	12800	九五折
10～19 人		九折
20 人以上		八八折

某公司市场部为了感谢员工上半年创收的效益，打算组织本部门员工参加欧洲十日游。假

定部门员工为 n 人，计算总费用，请编写程序实现。

13．输入三个整数，按从小到大的顺序输出。

3.2　switch 语句

学习目标

1. 掌握 switch 的一般格式。
2. 理解 switch 的执行过程。
3. 理解 break 在 switch 中的作用。
4. 会用 switch 设计程序。

内容提要

一、switch 语句

　　if 语句处理两个分支，处理多个分支时需使用 if-else if 结构，但如果分支较多，则嵌套的 if 语句层就越多，程序不但庞大而且理解也比较困难。因此，C 语言又提供了一个专门用于处理多分支结构的条件选择语句，称为 switch 语句，又称开关语句。使用 switch 语句直接处理多个分支。

1. switch 语句一般格式

```
switch(表达式){
case 常量表达式1: 语句1;
case 常量表达式2: 语句2;
...
case 常量表达式n: 语句n;
default : 语句n+1;
}
```

2. switch 语句的执行过程

① 先求出表达式的值。

② 将表达式的值依次与 case 后面的常量表达式值相比较,当表达式的值与某个常量表达式的值相等时,即执行其后的语句,然后不再进行判断,继续执行后面所有 case 后的语句。

③ 如表达式的值与所有 case 后的常量表达式均不相同时,则执行 default 后的语句。如果没有 default 语句,则什么也不执行。

3. 带 break 的 switch 语句

break 的含义:在 switch 语句中,当程序执行到 break 时,要跳出 switch 语句,执行其后面的相关语句。

4. switch 语句的注意事项

(1) case 后面的表达式只能是常量表达式,其值也只能是整型或字符型,并且各个 case 分支的常量表达式的值应各不相同,否则会出现错误。

(2) case 后常量表达式只起语句标号作用,并不在此处作判断。

(3) 在一个 case 后,允许有多个语句,可以不用 { } 括起来。多个 case 也可共用一条语句。

(4) 各 case 和 default 子句的先后顺序可以变动,而不会影响程序执行结果。

(5) default 子句可以省略不用。

(6) 当 case 后有 break 语句时,则执行完该 case 语句后跳出并结束分支结构。

例题解析

【例 3-2-1】 switch 语句的关键字 case 后面的表达式只能是_____表达式。

解题分析 本题主要考查 switch 语句的一般语法格式。在 C 语言中,关键字 case 后面的表达式只能是常量表达式,其值也只能是整型或字符型,并且各个 case 分支的常量表达式的值应各不相同。

答案 常量

【例 3-2-2】 以下选项中与 if(a==1) a=b;else a++;语句功能不同的是。(   )

A．switch(a)
  { case 1; a=b;break;
    default: a++; }

B．switch(a==1)
  { case 0; a=b; break;
    case 1: a++; }

C．switch(a)

D．switch(a==1)

{ default: a++; break;
  case 1; a=b;}

{ case 1:a=b; break;
  case 0: a++; }

解题分析 本题考察switch语句中需要注意的几点事项。首先default语句的顺序不影响执行的结果，其次当程序执行遇到break语句时要跳出其所在的switch语句，执行其后的相关程序。据此分析本题，只有B选项的语句不符合题意。

答案 B

【例3-2-3】 当输入C时写出下列程序的运行结果。

```
void main()
{char grade;
printf("请输入成绩的等级A,B,C,D,E")
switch(grade)
{
case 'A':
case 'B':
case 'C':
case 'D':
printf("及格\n");
break;
case 'E':
printf("不及格!\n");
}
}
```

解题分析 本题考查多个case语句共用一组语句的情况。本题中case'A': case 'B': case 'C':case 'D':共用一组语句，即无论输入的是A、B、C、D中的任何一个都输出及格。

答案 及格

巩固练习

一、单项选择题

1. 若有定义：float x=1.5；int a=1，b=3，c=2；则正确的switch语句是。（　　）

   A．switch(x)
      { case 1.0:printf("*\n");
        case 2.0:printf("**\n");}

   B．switch((int)x);
      { case 1:printf("*\n");
        case 2:printf("**\n");}

   C．switch(a+b)
      { case 1:printf("*\n");
        case 2+1:printf("**\n");}

   D．switch(a+b)
      { case 1:printf("*\n");
        case c:printf("**\n");}

2. 若有以下定义： int a,b,c1,c2,x,y；则正确的switch语句是（　　）。

   A．switch(a+b);
      { case 1:y=a+b;break;
        case 2:y=a-b;break;
      }

   B．switch(a*a+b*b)
      { case 3:
        case 1:y=a+b;break;
        case 3:y=b-a;break;
      }

   C．switch a
      { case c1:y=a-b;break;

   D．switch(a-b)
      { default:y=a*b;break;

```
        case c2:y=a*d;break;
        default:x=a+b;
     }
```

```
        case 3:
        case 4:x=a+b;break;
        case 10:
        case 11:y=a-b;break;
     }
```

3. 若有以下定义： float x；int a，b；则正确的 switch 语句是（　　）。

A．switch(x)
　　{ case 1.0:printf("*\n");
　　 case 2: printf("**\n")
　　}

B．switch(x)
　　{ case 1,2:printf("*\n");
　　 case 3:printf("**\n");
　　}

C．switch(a+b)
　　 { case 1: printf("*\n") ;
　　 case 2: printf("**n");
　　 }

D．switch(a-b);
　　{ case 1:printf("*\n");
　　 case 2.0:printf("**\n");
　　}

二、程序阅读题

4．写出下列程序的运行结果
```
#include<stdio.h>
void main()
{ int a;
printf("请输入一个整数：");
scanf("%d",&a);
switch(a)
{   default:printf("出错啦！");
case 1:printf("今天是星期一");break;
case 2:printf("今天是星期二");break;
case 3:printf("今天是星期三");break;
case 4:printf("今天是星期四");break;
case 5:printf("今天是星期五");break;
case 6:printf("今天是星期六");break;
case 7:printf("今天是星期日");break;
}
}
```
当程序输入 5 时，运行结果为_____。

5．若运行时输入:3 5/<回车>,则以下程序的运行结果为_____。
```
main( )
{float x,y;
char o;
double r;
scanf("%f %f %c",&x,&y,&o);
switch(o)
{case '+':r=x+y;break;
case '-':r=x-y;break;
case '*':r=x*y;break;
case '/':r=x/y;break;}
printf("%f",r);
}
```

6．求执行下列程序段后 k 的值为_____。
```
#include <stdio.h>
main()
```

```
{char c='2';  int k=1;
switch (c+1-'0')
{ case  2:
k+=1;
case  2+1:
k+=2;
case  4: k+=3;
}
printf("k=%d\n",k);
return 0;
}
```

7.
```
#include <stdio.h>
main()
{
char c; int k=2;
scanf("%c", &c);
switch (c-'A')
{
case 0:  k++;
case 1:  k += 2; break;
default:  k *= k;
case 4:   k *= 3;
}
printf("k=%d",k);
}
```
执行程序后,当分别输入 A、B、C、E 时,K 的值为_____。

8.
```
#include <stdio.h>
void main()
{
char ch;
printf("Please input Y/N (y/n): ");
scanf("%c", &ch);
switch(ch)
{
case 'y':
case 'Y':
printf("this is 'Y' or 'y'. \n");
break;
case 'n':
case 'N':
printf("this is 'N' or 'n'. \n");
break;
default:
printf("this is other char. \n");
}
}
```
分别输入 y 和 N,程序的输出结果为_____。

三、编程题

9. 编一程序,对于给定的成绩等级,输出其相应的得分范围。设 90 分以上为'A',80～89 为'B',70～79 为'C',60～69 为'D',60 以下'E'(用 switch 语句实现)。

10. 用 switch 语句编程实现：

$$y=\begin{cases} -1 & (x<0) \\ 0 & (x=0) \\ 1 & (x>0) \end{cases}$$

3.3 分支语句嵌套

学习目标

1. 掌握 if 语句的嵌套形式。
2. 掌握 switch 语句的嵌套形式。

内容提要

一、if 语句的嵌套

1. if 语句的嵌套形式

（1）在 if 中嵌套，其语法结构如下：
```
if（表达式1）
  if（表达式2）
    语句1;
  else
    语句2;
else
  语句3;
```

（2）在 else 中嵌套，其语法结构如下：
```
if（表达式1）
  语句1;
else
  if（表达式2）
    语句2;
  else
    语句3;
```

（3）在 if 和 else 中同时嵌套，其语法结构如下：
```
if（表达式1）
  if（表达式2）
    语句1;
  else
```

```
语句 2;
else
if（表达式 3）
语句 3;
else
语句 4;
```

2. if 嵌套的注意事项

（1）else 总是与它上面最近的未配对的 if 配对。

（2）如果需要在指定位置实现嵌套，可以加花括号来确定配对关系。

二、switch 语句的嵌套

1. switch 语句嵌套的形式如下。

```
switch(表达式 1){
case 常量表达式 1:  switch(表达式 2){
case 常量表达式 2:   语句 1;
case 常量表达式 3:   语句 2;
……
case 常量表达式 n:   语句 n-1;
};
case 常量表达式 n+1:  语句 n;
default :  语句 n+1;
}
```

2. switch 语句嵌套注意事项

switch 语句嵌套时，如果内部嵌套的 switch 语句中有 break 语句，则跳出内部 switch 语句，不跳出外部 switch 语句。

例题解析

【例 3-3-1】 为避免嵌套的 if-else 语句的二义性，C 语言规定 else 总是和（　　）组成配对关系。

A．缩排位置相同的 if   B．在其之前未配对的 if

C．在其之前未配对的最近 if   D．同一行上的 if

解题分析 本题主要考查嵌套的 if 语句 else 的配对关系。在 C 语言中，else 总是和它最近的尚未配对的 if 配对。

答案 C

【例 3-3-2】 阅读下列程序，给出结果。（2010 年高考题）

```c
#include <stdio.h>
void main()
{int x=1,y=1;
    switch(x)
       {  case 1:
         switch(y)
         {
```

```
    case 0:printf("Welcome!\n");break;
    case 1:printf("Good Bye!\n");break;
    }
    break;
    case 2:printf("Come in!\n");
    }
}
```

解题分析 本题考查 switch 语句的嵌套。先计算 x 的值，找到其相应的入口 case 1，但 case 1 后面的语句又嵌套了一个 switch 语句，于是接着计算 y 的值，找到其入口为另一个 case 1，执行其后面的语句，输出 Good Bye!，由于遇到 break 语句，所以需跳出 switch（y）分支，执行其后的又一个 break 语句，跳出 switch（x）的分支。

答案 Good Bye!

【例 3-3-3】 写出下列程序的运行结果。

```
#include <stdio.h>
void main()
{ int x=1,y=0;
switch(x)
{ case 1:
switch(y)
{ case 0:printf("** A **\n");break;
case 1:printf("** B **\n");
}
case 2:printf("** C **\n");
}
}
```

解题分析 本题考查 switch 语句的嵌套。先计算 x 的值，找到其相应的入口 case 1，但 case 1 后面的语句又嵌套了一个 switch 语句，于是接着计算 y 的值，找到其入口为 case 0，执行其后的语句输出** A **，由于遇到 break 语句，所以需跳出 switch（y）分支，执行其后面的语句 case 2:printf("** C **\n"); 输出** C **。

答案 ** A **

　　　** C **

巩固练习

一、单项选择题

1. 在嵌套的 if 语句中嵌套的分支语句（　　）。
   A．只能在 if 部分嵌套
   B．只能在 else 部分嵌套
   C．既可以在 if 中嵌套也可以在 else 中嵌套
   D．必须在 if 和 else 中同时嵌套

2. 以下关于 if 语句正确的说法是（　　）。
   A．if 语句可以嵌套使用
   B．else 总是和它最近的 if 配对
   C．if 括号中的表达式只能是逻辑表达式
   D．if 括号中的表达式只能是逻辑表达式或关系表达式

3. 以下关于 switch 和 break 语句的描述中正确的是（   ）
   A．switch 语句中必须使用 break 语句
   B．break 语句中能用于 switch 语句
   C．switch 语句中可根据需要决定是否使用 break
   D．break 语句是 switch 语句的一部分
4. 下列程序运行后的结果是（   ）。
   ```
   main()
   {
   int x=2,y=-1,z=2;
   if(x<y)
   if(y<0) z=0;
   else z+=1;
   printf("%d\n",z);
   }
   ```
   A．3　　　　　　　　B．2　　　　　　　　C．1　　　　　　　　D．0
5. 当 a=1,b=3,c=5,d=4 时，执行完下面一段程序后 x 的值是（   ）。
   ```
   if(a<b)
   if(c<d)   x=1;
   else
   if(a<c)
   if(b<d) x=2;
   else x=3;
   else x=6;
   else x=7;
   ```
   A．1　　　　　　　　B．2　　　　　　　　C．3　　　　　　　　D．6

二、程序阅读题

6.
   ```
   #include <stdio.h>
   void main()
   { int x=1,y=0;
   switch(x)
   { case 1:
   switch(y)
   { case 0:printf("** A **\n");break;
   case 1:printf("** B **\n");
   }
   case 2:printf("** C **\n");
   }
   }
   ```
   该程序运行后的结果为_____。

7.
   ```
   #include<stdio.h>
   void main( )
   { int a=2,b=-1,c=2;
   if(a>b)
   if(b>0) c=0;
   else c+=1;
   printf("%d",c);
   }
   ```
   该程序运行后的结果为_____。

8.
```c
#include<stdio.h>
void main( )
{int  a=2,b=7,c=5;
switch(a>0)
{case 1:switch(b<0)
{case 1:printf("@");break;
case 2:printf("! ");break;}
case 0:switch(c==5)
{case 0:printf("*");break;
case 1:printf("#");break;
default:printf("#");break;}
default:printf("&");
}
printf("\n");
}
```
该程序运行后的结果为_____

9.
```c
#include<stdio.h>
main( )
{
int x=1,y=0,a=0,b=0;
switch (x)
{
case 1:
switch (y)
{
case 0:a++;break;
case 1:b++;break;}
case 2:a++;b++;break;
}
printf("a=%d,b=%d",a,b);
}
```
该程序运行后的结果为_____

三、程序填空题

10. 某个自动加油站有'a','b','c'三种汽油，单价分别为 1.50,1.35,1.18(元/升),也提供了"自己加"或"协助加"两个服务等级,这样用户可以得到5%或10%的优惠。本程序针对用户输入加油量 a，汽油品种 b 和服务类型 c('f'-自动，'m'- 自己，'e'-协助)，输出应付款 m，请在横线内填入正确内容。

```c
void  main( )
{
float a,r1,r2,m;
char b,c;
scanf("%f%c%c",&a,&b,&c);
switch(b)
{case 'a':r1=1.5;break;
case 'b':_____①_____;break;
case 'c':r1=1.18;break;}
switch(c)
{case 'f':r2=0;break;
case 'm':r2=0.05;break;
case _____②_____:r2=0.1;break;}
m=_____③_____;
printf("%f",m);
}
```

11. 以下程序计算某年某月有几天。其中判别闰年的条件是:能被 4 整除但不能被 100 整除的年是闰年,能被 400 整除的年也是闰年。请在横线内填入正确内容。
```
void main( )
{
int yy,mm,len;
printf("year,month=");
scanf("%d %d",&yy,&mm);
switch(mm)
{
case 1:case 3:case 5:case 7:
case 8:case 10:case 12:___①___;break;
case 4:case 6: case 9:case 11:len=30;break;
case 2:
 if(yy%4= =0&&yy%100!=0||yy%400= =0)___②___;
else___③___;
default:printf("input   error")
break;}
printf("the length of %d %dis%d\n",yy,mm,len);
}
```

12. 根据下列分段函数,输入 x 的值,计算输出 y 的值。请完善程序。

$$y=\begin{cases} x+63 & (x\text{ 能同时被 7 和 9 整除}) \\ 7x & (x\text{ 不能被 7 整除}) \\ x & (\text{其他}) \end{cases}$$

```
#include<stdio.h>
void main()
{
int x,y;
printf("请输入一个数x: ");
scanf("%d",&x);
y=___①___;
if(x%7==0)
{
if(___②___)
y=x+63;
}
else
    y=___③___;
printf("=%d,y=%d",x,y);
}
```

四、编程题

13. 购书未满 200 元,赠送 5 元购书券;购书满 200 元但未满 500 元,赠送购书券金额为消费金额的 5%;购书满 500 元但未满 1000 元,赠送购书券金额为消费金额的 10%;购书满 1000 元及以上,赠送购书券金额为消费金额的 15%。现需要为服务台的工作人员编写一个程序,计算每次发放购书券的金额。

假设 m 表示某人的购书金额,p 表示需要发放的购书券金额。请用嵌套语句完成。

	消费金额范围	购书券金额计算
情况 1	$m<200$	$p=5$
情况 2	$500>m>=200$	$p=m*5\%$
情况 3	$1000>m>=500$	$P=m*10\%$
情况 4	$m>=1000$	$p=m*15\%$

14. 假设奖金税率如下(a 代表奖金,r 代表税率)

   $a<=1000$ $r=0\%$
   $1000<a<=2000$ $r=5\%$
   $2000<a<=3000$ $r=8\%$
   $3000<a<=4000$ $r=10\%$
   $4000<a$ $r=15\%$

编写程序对输入的一个奖金数,求税率和应交税款以及实得奖金数(扣除奖金税后)。r 代表税率,t 代表税款,b 代表实得奖金数(用 switch 语句实现)。

第 4 章　循环结构程序设计

考纲要求

- ◇ 掌握 for 循环结构。
- ◇ 理解 while 和 do/while 循环结构。
- ◇ 掌握 continue 语句和 break 语句。
- ◇ 理解循环的嵌套。
- ◇ 掌握程序设计中的几种常用算法的基本思想（如：穷举法和递推法、文本作图等）。

4.1 while 和 do/while 循环语句

学习目标

1. 理解循环结构和顺序结构及分支结构的区别。
2. 掌握 while 语句的一般格式。
3. 理解 while 语句的执行过程。
4. 掌握 do/while 语句的一般格式。
5. 理解 do/while 语句的执行过程。

内容提要

一、循环结构的概念

1. 循环结构理解

之前我们已经学习了顺序结构和选择结构，但是仍然有很多问题仅仅用这两种结构还无法实现。比如我们遇到一种需要重复操作，并且这种操作还有一定的规律，即当满足某种条件时重复操作，循环结构正是解决这类问题的。

循环结构的特点是：在给定条件成立时，反复执行某一操作，直到条件不成立为止。

2. 循环结构的分类

C 语言提供以下三种循环语句，可以组成各种不同形式的循环结构。

（1）while 语句。
（2）do/while 语句。
（3）for 循环。

小结： 一般不知道循环次数时用 while 语句或 do/while 语句，固定循环次数三种循环结构都可以实现。而 for 循环在后期循环应用中更加广泛。

二、while 语句

1. while 语句的一般格式

```
while（表达式）
循环体语句
```

说明：当表达式成立（即表达式的值为"真"）时执行循环体语句，否则跳出本循环，继续执行后面的语句。

例如：输出小于 5 的自然数。

```c
#include<stdio.h>
void main()
{   int i=1;
while(i<=5)
{   printf("%d\n",i);
i++;
}
}
```

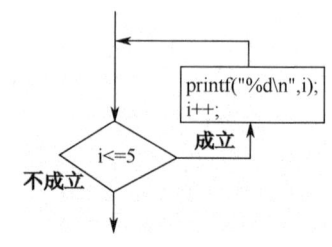

2. 循环结构的三要素

循环结构一般包含三要素：

（1）循环变量：即参与循环并使循环趋于结束的变量，控制循环的次数。如本例中变量 i。

（2）循环体语句：满足条件时重复执行的循环语句，如本例中 printf("%d\n",i)和 i++两条语句。注意 while（表达式）判断语句范围只到其后的 1 条语句，当循环体语句多于 1 条语句时需要加花括号。

（3）循环控制条件：判断循环是否继续执行的表达式，如本例中(i<=3)。

程序运行结果为：

1
2
3

三、do/while 语句

1. do/while 语句的一般格式

```
do
循环体语句
while（表达式）;
```

说明：先执行循环体语句，再判断循环条件是否成立。当表达式成立（即表达式的值为"真"）时继续执行循环体语句，否则跳出循环，执行循环结构后面的语句。

例如：输出 8 以内的偶数。

```
#include<stdio.h>
void main()
{
int i=2;
do
{ printf("%d\n",i);
i+=2;
}while(i<8);
}
```

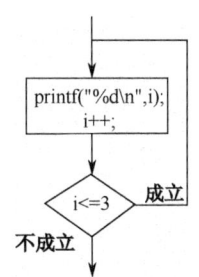

2. do/while 循环语句的特点

先执行后判断

（1）do/while 语句先执行循环体语句，再判断是否满足条件，满足条件继续执行循环体语句，直到条件不成立为止。

（2）do/while 语句无论条件是否满足，循环体语句总要被执行一次。即使条件一开始就不成立，循环体语句依旧被执行一次。

程序运行结果为：

2
4
6

例题解析

【例 4-1-1】 写出下列程序的运行结果。

```c
#include "stdio.h"
void main( )
{int  i=1,a=0;
while(i<=7)
{printf("a=%d,i=%d\n", a,i);
a+=2*i;
i+=3;
}
printf("a=%d,i=%d\n", a,i);
}
```

解题分析 本题主要考查 while 循环变量值的变化。循环变量的变化不一定都是 i++，也可以是 i+=3 或其他，它与循环控制条件一起使循环趋于结束，控制循环的次数。

答案
a=0,i=1
a=2,i=4
a=10,i=7
a=24,i=10

【例 4-1-2】 求[10，99]能被 5 整除的数，并统计它们的个数。

解题分析 本题主要考查循环结构中添加分支结构。本题中我们采用 do…while 循环供大家参考，通常编写 while 和 do/while 循环时要特别注意循环变量赋初值，这也是与 for 循环比较大的区别。循环中通常会遇到统计符合条件的个数，一般定义变量 n 初值为 0，当满足条件时用 n++ 实现累加。

答案
while 循环
```c
#include "stdio.h"
void main( )
{int  i=10,n=0;
do
{if(i%5==0)
{printf("i=%d\n", i); n++; }    //注意分支结构超过一条语句用大括号
i++;
}while(i<100);
printf("n%d\n", n);
}
```

拓展与变换 如果将程序改成 while 循环如何修改？

【例 4-1-3】 阅读下列程序并完善程序（2011 年高考题）。

```c
#include <stdio.h>
#include <math.h>
int main(void)
{
int a,b,n1,n2,t;
printf("请输入两个数:\n");
scanf("%d,%d",&n1,&n2);
```

```
   if(n1<n2)
     {t=n1;
        ①    ;
      n2=t;
     }
   a=n1;
   b=   ②   ;
   while(b!=0)
     {
      t=   ③   ;
      a=b;
      b=t;
     }
   printf("最大公约数是:%d\n",a);
   printf("最小公倍数是:%d\n",   ④   );
 }
```

解题分析 本题是利用辗转相除法求最小公倍数，这也是常用的方法之一。求 n1、n2（n1>=n2）最小公倍数的思路是：语句（t= n1% n2; n1= n2; n2=t;）一直循环直到 t=0，此时最大公约数为 n1，最小公倍数为原两数（所以一般用另外 2 个变量如 a、b 代替 n1、n2 实现辗转相除法）之积除以最大公约数。

答案 ①n1=n2　　②n2　　③ a%b　　④n1*n2/a

拓展与变换 考虑还可以用什么方法求最大公约数和最小公倍数？

巩固练习

一、阅读程序并完成填空

1.
```
#include "stdio.h"
main( )
{int i=1,s=0;
while( i<100)
{ if(i%2==0) s+=i;
i++;
}
printf("s=%d\n",s);
}
```

循环变量：_____

循环体语句：_____

循环控制条件：_____

程序的功能：_____

二、写出下列程序运行结果

2.
```
#include "stdio.h"
void main( )
{  int  i=1,s=0;
while(i<=10)
{ s+=i;
i++; }
printf("i=%d,s=%d\n", i,s);
}
```

该程序的运行结果为_____

3.
```
①#include "stdio.h"
void main( )
{   int  i=4,a=1;
while(i<=3)
{   printf("a=%d,i=%d\n", a,i);
a+=2*i;
i+=3;
}
printf("a=%d,i=%d\n", a,i);
}
②#include "stdio.h"
void main( )
{   int  i=4,a=1;
do
{   printf("a=%d,i=%d\n", a,i);
a+=2*i;
i+=3;
} while(i<=3);
printf("a=%d,i=%d\n", a,i);
}
```

比较两个程序的运行结果，分析原因。

三、编程题

4．编程求 1+2+3+…+n（n 的值由键盘输入）的和。

5．编程求 $s=1×2×3×…×10$ 的值。

6．求[5,55]能被 2 整除的数，以每行 5 个输出，并统计它们的和。

7．求 100 到 200 之间能同时被 3 和 5 整除的数，并统计个数。

8. 编写程序，求 s=1/2+1/3+…+1/20 的和。

9. 编写程序，求 s=1/2+2/3+…+9/10 的和。

4.2 for 循环语句

学习目标

1. 理解 for 循环与 while、do/while 循环的异同。
2. 理解 for 语句的执行过程。
3. 掌握 for 语句的一般格式。

内容提要

一、for 循环的应用

1. for 循环的格式

```
for(表达式1；表达式2；表达式3)
   循环体语句；
```

说明：

   表达式 1：循环变量赋初值；
   表达式 2：循环控制条件；
   表达式 3：循环变量增值。

2. for 循环执行过程

（1）先执行表达式 1。
（2）判断表达式 2（循环控制条件）是否成立。
（3）当表达式 2 成立（即表达式的值为"真"）时执行循环体语句，然后执行表达式 3 实现循环变量增值变化，最后再次返回第二步，判断是否执行下一次循环。
（4）当表达式 2 不成立（即表达式值为"假"）时结束循环，执行循环后面的语句。
for 循环流程示意图如图 4-2-1 所示。

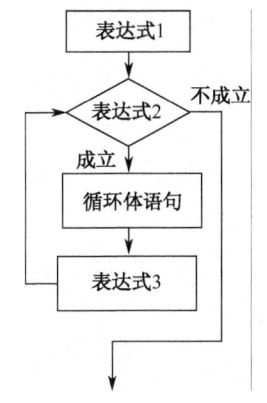

图 4-2-1 for 循环流程示意图

例如：输出小于 3 的自然数。
```c
#include<stdio.h>
void main()
{
int i;
for(i=1;i<=3;i++)
printf("%d\n",i);
}
```

3. for 循环与 while、do/while 循环的异同

for 循环与 while、do/while 循环结构并没有太大的区别，不同之处在于循环变量赋初值 for 循环由表达式 1 完成，而其他两种需要在循环体外预先赋初值；循环变量增值变化 for 循环由表达式 3 完成，而其他两种需要在循环体内增加变化语句。

拓展与变换 for 循环的三个表达式是否可以省略？

二、for 循环的变形

1. 表达式 1 省略

说明：表达式 1 是实现循环变量赋初值的功能，省略时需要在 for 循环前赋值。（注意：省略表达式 1，其后的分号不可省略。）

```
for(i=1;i<=3;i++)
    printf("%d",i);
```
⇔
```
i=1;
for(;i<=3;i++)
    printf("%d",i);
```

2. 表达式 2 省略

说明：表达式 2 是控制循环条件的关系表达式，决定循环是否执行，省略条件则默认条件成立，即循环无限执行下去，成为死循环。如：

```
for(i=1; ;i++)
    printf("%d",i);
```
⇔
```
i=1;
while(1)
{   printf("%d",i);
    i++;
}
```

3. 表达式 3 省略

说明：表达式 3 是实现循环变量的增值，省略时可将语句写入到循环体语句里。如：

```
for(i=1; i<=30; )
{   printf("%d",i);
    i++;
}
```
⇔
```
i=1;
while(i<=30)
{   printf("%d",i);
    i++;
}
```

第4章 循环结构程序设计

例题解析

【例 4-2-1】 用 for 循环求 100 到 200 之间能同时被 3 和 5 整除的数。

解题分析 通过分析 for 循环的结构特点，只要分别找出三个表达式，即可实现 for 循环。通过分析，循环变量初值从 100 开始（表达式1：i=100），循环条件到 200 结束（表达式2：i<=200），循环变量每次增值为 1（表达式3：i++），循环体语句为判断该数是否符合能同时被 3 和 5 整除。

答案
```
#include<stdio.h>
void main()
{
int i;
for(i=100;i<=200;i++)
if(i%3==0 && i%5==0) printf("%d\n",i);
}
```

拓展与变换 如果要统计一共有多少个数满足条件，程序如何修改？

【例 4-2-2】 编程求 $s=1+1/2+1/3+1/5+1/8+1/13+1/21$ 的值。

解题分析 通过分析可以发现这些分式有一个共同的特点，分子都为 1，且从第三个分数开始，每个分数的分母等于前两项分数的分母之和。故可以定义 2 个变量 fm1，fm2 分别代表前 2 个分母，第三个分母定义为 t，则 t=fm1+fm2；而第四个分母又等于前 2 个分母之和，所以此时 fm1=fm2，fm2=t，t=fm1+fm2；如此一直循环下去。

此类问题属于递推，一般递推思路为：将复杂运算分解为若干重复的简单运算，后一步骤建立于前一步骤之上，计算每一步骤的方法相同，通过多次循环逐渐逼近结果。

关键点：

（1）找出边界条件：即第一项的值须事先给定。因为后面的值取决于前一项的值。

如，float s=1.5; int fm1=1,fm2=2,t;

（2）推导出递推公式或通项式：根据下一项的值对其前一项的这种依赖关系，可以推导出一个计算公式，即递推公式。

如，t=fm1+fm2，s+=1.0/ t，fm1=fm2，fm2=t;

答案
```
#include<stdio.h>
void main()
{ float s=1.5; int fm1=1,fm2=2,t;
for(i=1;i<=5;i++)
{
t=fm1+fm2;
s+=1.0/ t ;
fm1=fm2;
fm2=t;
}
printf("%f\n",s);
}
```

拓展与变换 如果此题改成求第 10 项数据，程序如何修改？

巩固练习

一、读程序，完成填空

1. 完善程序，以下程序要求找出三位数的水仙花数，所谓水仙花数是指个位、十位、百位数的立方和与该数相等，如：153=1×1×1+5×5×5+3×3×3。

```
#include<stdio.h>
void main( )
{  int a,b,c;
int i;
for(i=100;   ①   ;i++)
{
a=i%10;
   ②   ;
c=i/100;
 if(a*a*a+b*b*b+c*c*c==i)
   printf("%d\n",i);
}
}
```

2. 有一对兔子，从出生后第 3 个月起每个月都生一对兔子，小兔子长到第三个月后每个月又生一对兔子，假如兔子都不死，求 20 个月内每个月的兔子总数为多少？（程序提示：兔子的繁殖规律为数列 1,1,2,3,5,8,13,21…）请根据描述完善下列程序（2010 高考题）。

```
#include <stdio.h>
void main()
{
   ①   f1,f2;
int i;
f1=f2=1;
for(i=1;i<=10;   ②   )
    { printf("%12ld %12ld",f1,f2);
      if(i%2==0)   ③   ;        //控制输出，每行 4 个数
      f1=f1+f2;                   //前两个月加起来赋值给第三个月
      f2=   ④   ;      }}
```

二、编程题

3. 找出[10，99]范围内十位数是偶数的元素，统计它们的个数并计算它们的和。

4. 编程求 $s=1+1×2+2×3+3×4+\cdots+20×21$ 的值。

5．一个数如果等于其每一个数字立方之和，则称为阿姆斯特朗数，如 407，编程输出 1～2000 所有阿姆斯特朗数。

6．编程求 $s=1+(1+2)+(1+2+3)+(1+2+3+4)+\cdots+(1+2+3+\cdots+n)$ 的值，n 由键盘输入。

7．编程求 $s=1-1/2+1/4-1/6+1/8+\cdots+1/20$ 的值。

8．编程求 $s=1+1/(1+2)+1/(1+2+3)+1/(1+2+3+4)+\cdots+1/(1+2+3+4+\cdots+20)$ 的值。

9．找出规律，打印下列数列的前 10 个数及它们的和。
   1/2，2/3，3/5，5/8，…

10. 编程求 $s=1+1/2!-1/4!+1/6!-1/8!\cdots+1/14!$ 的值。

4.3 break 和 continue 语句

学习目标

1. 理解 break 和 continue 的使用范围。
2. 掌握 break 和 continue 的应用。
3. 理解 break 和 continue 的区别。

内容提要

一、break 语句

1. break 语句的功能

前面介绍 break 语句是跳出当前 switch 分支结构，执行分支下面的语句，它在循环语句中使用，可使程序跳出当前循环结构，执行循环后面的语句。即根据程序的目的，满足一定条件时立即终止循环，继续执行循环体后面的语句。

2. break 语句的应用

如下列程序：
```
#include<stdio.h>
void main()
{
int i,s;
for(i=1,s=0;i<=13;i+=3)
{
 printf("%d\n",i);
s+=i;
if(s>5) break;
}
printf("%d, %d\n",s,i);
}
```

当 s>5 时，执行 break 语句，程序立即终止 for 循环，并转向 for 循环后面的语句，即 printf("%d, %d\n",s,i)执行。

程序运行结果为：

1
4
7
12，7

二、continue 语句

1. continue 语句的功能

continue 语句的作用是结束本次循环，执行下一次循环控制条件的判断。与 break 的区别在于它并非跳出整个循环，只是结束本次循环中 continue 下面的循环语句。

2. continue 语句的应用

如下列程序：

```
#include<stdio.h>
void main()
{
int i,s;
for(i=1, s=0;i<=13;i+=3)
{
printf("%d\n",i);
s+=i;
if(s>5) continue;
}
printf("%d, %d\n",s,i);
}
```

当 s>5 时，执行 continue 语句，程序立即终止本次循环，继续执行下次循环。

程序运行结果为：

1
4
7
10
13
35，16

例题解析

【例4-3-1】 写出下列程序的运行结果（2012 年高考题）。

```
#include <stdio.h>
void main()
{
int i=15;
do
{switch(i%2)
{case 1:i--;break;
case 0:i--;continue;
}
i=i-2;
printf("i=%3d\n",i);
}while(i>0);
}
```

解题分析 通过分析发现程序为循环结构中嵌套分支结构，因为 break 语句可作用于分支结构和循环结构，但作用范围仅限于所在的结构中，故此题中仅对 switch 结构有效，而 continue 语句仅作用于所在的循环结构。程序第一次循环时，分支结构执行第一条分支（case 1:i--;break;）后跳出 switch 结构，执行分支下面的语句；程序第二次循环时，分支结构执行第二条分支（case 0:i--;continue;）后直接执行下一次循环；程序第三次循环时，分支结构执行第一条分支（case 1:i--; break;）后跳出 switch 结构，执行分支下面的语句……如此直到循环结束。

答案
i=　12
i=　　8
i=　　4
i=　　0

【例 4-3-2】 写出下列程序的运行结果。

```
#include<stdio.h>
void main( )
{int i;
for(i=100;i<=110;i++)
{   if(i%5= =0)
{   printf("\n");
continue;
}
printf("%5d",i);
}
printf("\n");
}
```

解题分析 通过分析发现程序为 for 循环结构中嵌套分支结构，而 continue 语句仅作用于所在的循环结构。当 if 分支（i%5==0）成立时，执行换行并直接进行下一次循环。

答案
101 102 103 104
106 107 108 109

拓展与变换 考虑 continue 改成 break 后程序的运行结果。

巩固练习

一、程序阅读题

1.（2012 年高考题）
```
#include <stdio.h>
void main()
{
int x=1,y=0;
  switch(x)
  { case 1:
     switch(y)
    { case 0:printf("** A **\n");break;
      case 1:printf("** B **\n");
    }
     case 2:printf("** C **\n");
    }
}
```
该程序运行后的结果为_____。

2.
```
#include "stdio.h"
void main( )
{
int x=1,y;
for(y=1;y<=50;y++)
{  if(x<=10) break;
if(x%2==1)
{ x+=5;
continue;
}
x-=3;
}
printf("%d \t",y);
}
```
该程序运行后的结果为_____。

3.
```
#include<stdio.h>
void main()
{
int i=11;
do
{switch(i%3)
{case 2:i--;
case 1:i--;break;
case 0:i--;continue;
}
i=i-2;
printf("i=%3d\n",i);
}while(i>0);
}
```
该程序运行后的结果为_____。

二、编程题

4. 计算半径从 1 到 20 时圆的面积，直到面积大于 200 为止。

5. 输出 20 到 100 之间不能被 10 整除的整数，并以每行 9 个输出。

4.4 循环嵌套

学习目标

1. 理解循环嵌套的结构特点。
2. 理解 break 和 continue 在嵌套中的应用。
3. 掌握循环嵌套执行过程及应用。

内容提要

一、循环的嵌套

在一个循环结构体内又出现了另一个循环结构，就是循环嵌套，也称之为多重循环。所谓嵌套就是一个循环结构包含另一个循环结构，即循环结构之间存在包含与被包含的层级关系，通常，我们把内部被包含的循环称为内循环，外部包含的循环称为外循环。

C 语言的三种循环语句都可以嵌套，既可以自身嵌套，也可以相互嵌套，比如 while 语句可以出现在 for 语句里，for 语句也可以出现在 do…while 语句里等。循环嵌套的层级没有限制，可以出现多重循环。

如下列程序：

```c
#include <stdio.h>
void main( )
{
int i, j;
for(i=1;i<2;i++)
for(j=1;j<=2;j++)
printf("%d,%d\n",i,j);
printf("%d,%d\n",i,j);
}
```

程序运行结果为：

1，1

1，2

2，3

二、break 和 continue 在嵌套中的应用

之前已经介绍过循环中 break 和 continue 的作用，当出现在嵌套循环中要注意作用范围只为当前循环。

如下列程序：

```c
#include <stdio.h>
void main( )
{
int i, j;
for(i=1;i<3;i++)
```

```
for(j=1;j<=6;j++)
{   if(j%2==0) break;
    printf("%d,%d\n",i,j);
}
printf("%d,%d\n",i,j);
}
```

程序运行结果为：

1，1

2，1

3，2

例题解析

【例 4-4-1】 阅读下列程序回答有关问题。（2010 年高考题修改）

下列程序的功能以每行 5 个打印输出 1000 以内的素数，请在空白处填写合适的内容。

```
#include <stdio.h>
#define N 1000
void main()
{   int m,n,k=0,flag;
    for(n=2;n<=N;   ①   )
    {   flag=1;
        for(m=2;m<=n/2;m++)
    {   if(n%m==0)
        {
            ②    ; break;
        }
    }
    if(flag==0) continue;
        {   ③    ;
            k++;
        }
        ④    }
    }
}
```

解题分析 本程序是典型的求素数问题，通过 for 循环嵌套完成。外循环为要判断的数的范围，内循环是实现素数的判断。对于判断 n 是否为素数我们都是从 2 开始找它的约数，一般到 n/2 或 sqrt(n)，也可以到 n–1。最终是否为素数，一般定义变量 flag 初值为 1，当找到约数时表明非素数，将 flag=0 同时结束内循环（break 语句实现），然后根据 flag 的值来判断是否为素数。语句 if(flag==0) continue 表示非素数直接进行下一轮外循环，否则输出素数。

答案 ①n++   ②flag=0   ③printf("%d",n)   ④if(k%5==0) printf("\n")

【例 4-4-2】 写出下列程序的运行结果（2013 年高考题）。

```
#include<stdio.h>
#define M 6
void mian()
{int i,j;
i=1;
do
{
for(j=1;j<M-i+1;j++)
printf(" ");
```

```
for(j=M-i;j<M;j++)
printf("+");
printf("\n");
i++;
}while(i<=M);
}
```

解题分析 本题属于文本作图题。具体分析见后面文本作图补充。

答案
```
     +
    ++
   +++
  ++++
 +++++
++++++
```

【例 4-4-3】 写出下列程序的运行结果。
```
#include "stdio.h"
void main( )
{   int  i,j,x,y;
x=y=0;
for(i=1;i<=8;i++)
{   x=x+1;
for(j=1;j<=5;j++)
y++;
}
printf("x=%d,y=%d\n", x,y);
}
```

解题分析 本程序为双层循环嵌套，主要考核循环次数问题。一般针对此类问题多为多重循环，我们首先尝试去除内层循环，逐步简化程序。如内循环中 j 的循环次数是固定的 5 次，而每循环一次 y++，则内循环相当于 y=y+5，程序简化成：
```
for(i=1;i<=8;i++)
{   x=x+1;
y=y+5;
}
```
而外循环固定循环 8 次，则又可以简化程序。后面我们会遇到更多不固定的循环次数，而且循环体也相互关联，需要细致考虑。

答案 x=8，y=40

巩固练习

一、程序阅读题

1.
```
#include "stdio.h"
void main( )
{   int  i,j,x,y,k;
x=1;y=k=0;
for(i=1;i<=4;i++)
{   x=x+i;
for(j=1;j<=i;j++)
{   y++;
```

```
    k=k+j; }
}
printf("x=%d,y=%d,k=%d \n", x,y,k);
}
```
该程序的运行结果为_____。

2.
```
#include "stdio.h"
void main( )
{ int  i,j,x,y;
x=y= 0;
for(i=1;i<=5;i++)
{ x=x+i;
y=y+1;
for(j=1;j<=4;j++)
{ y+=j;
x=x+i; }
}
printf("x=%d\ny=%d ", x,y); }
```
该程序的运行结果为_____。

3.
```
#include "stdio.h"
void main( )
{ int  i,j,x,y,k;
x=y=k= 0;
for(i=1;i<=6;i++)
{ x=x+i;
y=y+1;
for(j=1;j<=i;j++)
{ y+=j;
x=x+i;
if(j==5) continue;
k=k+1; }
y=i;x=1;
}
printf("x=%d,y=%d,k=%d \n", x,y,k); }
```
该程序的运行结果为_____。

4.（2011年高考题）
```
#include <stdio.h>
int main(void)
{
 int i,j,k;
 for(i=0;i<=3;i++)
{
for(j=0;j<=2-i;j++)
printf(" ");
for(k=0;k<=7;k++)
printf("*");
printf("\n");
}
for(i=0;i<=2;i++)
{
for(j=0;j<=i;j++)
printf(" ");
for(k=0;k<=7;k++)
printf("*");
printf("\n");
}
```

}
该程序的运行结果为_____。

二、程序填空题

5. 下列程序的功能是打印乘法九九表，请补充程序（2012 年高考题）。
```
#include <stdio.h>
void main( )
{  int i=____①____,j;
 printf("\n");
 do
 {  for(j=1;j<=i;____②____)
 printf("%2d*%d=%-3d",i,j,____③____);
 printf("\n");
 i++;
 }  ____④____ (i<10);
 }
```

三、编程题

6. 求所有三位数中的素数，按照每行 5 个输出，统计它们的个数并求它们的和。

7. 编程打印输出下列图形。

```
         1
        1 2 3
       1 2 3 4 5
      1 2 3 4 5 6 7
       1 2 3 4 5
        1 2 3
         1
```

8. 编程打印输出下列图形。

```
      1 2 3 4
      2 3 4 5 1
      3 4 5 1 2
      4 5 1 2 3
      5 1 2 3 4
```

9. 编程打印输出下列图形。

```
            #
           2 2 3
          # # # # #
         1 1 1 1 1 1 1
        # # # # # # # #
       0 0 0 0 0 0 0 0 0 0 0
        # # # # # # # #
         1 1 1 1 1 1 1
          # # # # #
           2 2 2
            #
```

10. 编程打印输出下列图形。

```
         1
        1 2 1
       1 2 3 2 1
      1 2 3 4 3 2 1
       1 2 3 2 1
        1 2 1
         1
```

第5章 数　　组

考纲要求

- ◆ 掌握一维数组的定义、初始化和引用。
- ◆ 掌握常见算法的基本思想。
- ◆ 重点掌握查找算法的基本思想。
- ◆ 重点掌握排序算法的基本思想。

5.1 一维数组的定义及初始化

学习目标

1. 理解数组的概念。
2. 掌握一维数组的定义及初始化方法。
3. 掌握一维数组元素的引用方法。
4. 掌握在一维数组上实现的常见算法。

内容提要

一、数组的概念

数组是一些具有相同数据类型的数组元素的有序集合。数组中的第一个元素（也称下标变量）具有同一个名称，但不同的下标，每个数组元素可以作为单个变量来使用。

数组可分为一维数组和多维数组（如二维数组、三维数组……）。数组的维数取决于数组元素的下标个数，即一维数组的每个元素只有一个下标，二维数组的每一个元素均有两个下标，依次类推。

一维数组中的数组元素是排成一行的一组下标变量，用一个统一的数组名来标识，用下标指示其在数组中的具体位置。下标从 0 开始排列。

一维数组元素的输入与输出通常和一重循环相配合，对数组元素依次进行处理。

二、一维数组的定义

在 C 语言中，变量必须先定义后使用，数组也是如此，使用数组时必须先定义后引用。

定义一维数组的语句格式为：

类型说明符 数组名[常量表达式]，……；

其中：类型说明符：可以是 void 类型以外任一种基本数据类型或构造数据类型，表示数组元素的类型。

数组名：用户定义的数组标识符，用来表示数组的名称。

常量表达式：由常量或常量表达式构成，其值必须是正整数，表示数组中元素的个数。又称为数组长度。下面的定义是错误的：

```
Int  n=10;
Int  a[n];
```

三、一维数组初始化

数组元素和变量一样，可以在定义的同时赋予初值，称为数组的初始化。

一般形式为：

类型说明符 数组名[常量表达式]={值，值，…，值}；

四、一维数组元素的引用

当定义了某数组后，就可以引用该数组中的任何元素了。引用形式为：
数组名[下标表达式]

例题解析

【例 5-1-1】 下列程序的功能是打印输出 1000 以内的素数，请在空白处填写合适的内容。(2010 年高考题)

```
#include <stdio.h>
#define N 1000
void main()
{ int     ①    ={0};
  int m,n,k=0,flag;
  for(n=2;n<=N;  ②   )
  { flag=1;
    for(m=2;m<=n/2;m++)
  {
   if(n%m==0)
   {
     flag=0; break;
   }
  }
  if(flag==0) continue;
  {a[k]=    ③    ;
   k++;
  }
   }
   for(m=0;m<k;m++)
   { if(m%10==0)    ④    ;
     printf("%5d",a[m]);
   }
   printf("\n");
}
```

解题分析 本题主要考查数组元素的初始化以及素数算法。对整个程序来说，只有一个数组 a 在使用，因此①处只能填 a[N]，1000 以内的整数由变量 n 提供，因此②处填 n++，当变量 flag 的值为 1 时，说明 n 为素数，因此③处填 n，将素数 n 赋值给数组 a，由变量 k 控制其下标，输出数组 a 元素时，每行输出 10 个数，因此④处填 printf("\n")，起到换行的作用。

答案 ①a[N]   ②n++   ③n   ④printf("\n")

拓展与变换 若本程序的数据来源是随机得到 200 个[1，1000]且互不相同的整数，且每行显示 7 个素数，程序如何修改？

【例 5-1-2】 下列程序实现的是对某班级的一门课的成绩按降序排列，同时计算成绩平均值，并将排序及计算结果打印输出。（2012 年高考题）

```
#include <stdio.h>
#define N 30
void main()
{ int i,j;
  int temp,sum=0;
  int    ①    ,score[N];
```

```
   float ave=0.0;
/*1--输入数据*/
   for(i=0;i<N;i++)
   {
   scanf("%4d",&no[i]);
   scanf("%4d",&score[i]);
   }
/*2--显示排序前学号及成绩*/
   printf(" 学号   成绩\n");
   for(i=0;____②____;i++)
   {
     printf(" %4d,%4d\n",no[i],score[i]);
   }
   printf("\n");
/*3--成绩排序*/
   for(i=0;i<N-1;i++)
     for(j=i+1;j<N;j++)
     {if(____③____)
        {temp=no[i];no[i]=no[j];no[j]=temp;
         temp=score[i]; score[i]= score[j];score[j]=temp;
        }
     }
/*4--计算平均值及打印输出*/
printf(" 学号   成绩\n");
for(i=0;i<N;i++)
{
   printf(" %4d,%4d\n",no[i],score[i]);
   sum=sum+____④____;
}
   ave=(float)sum/N;
   printf("\n");
   printf("班级平均成绩:%5.2f\n",ave);
}
```

解题分析 本题主要考查数组的顺序排序算法以及数组元素的灵活访问。在程序中,有两个数组 no 与 score,且只定义了 score 数组,因此①处填 no[N],有 N 个学号和成绩分别赋值给了数组 no 与 score,且学号与成绩之间是一一对应的,那么②处填 i<N,对数组元素排序时,要弄清楚是对数组 score 排序,③处填 score[i]<score[j],求数组元素 score 的平均成绩,④处填 score[i]。

答案 ①no[N]   ②i<N   ③ score[i]<score[j]   ④ score[i]

拓展与变换 若将本程序的顺序排序算法换成选择排序或冒泡排序,程序该如何变换?

【例 5-1-3】 下列程序的功能是将一个十进制整数转换成八进制整数。请阅读程序,将程序补充完整。

```
#include<stdio.h>
void main()
{
 int k=0,n,j,bin[20];
 scanf("%d",&n);
 do
 {
      ____①____ ;
  n=n/8;
 }while(n);
```

```
for(____②____)
   printf("%d",bin[j]);
}
```

解题分析 本程序主要考查进制转换算法，十进制整数转换成其他进制整数的方法是除基数逆取余。因此①处填 bin[k++]=n%8，输出其值时，②处填 j=k-1;j>=0;j--。

答案 ①bin[k++]=n%8　　②j=k-1;j>=0;j--

拓展与变换 若本程序将十进制整数转换成二进制整数，则程序如何修改？

巩固练习

一、程序阅读题

1.
```
void main()
{ int i,a[10];
  for(i=9;i>=0;i--) a[i]=10-i;
  printf("%d%d%d",a[2],a[5],a[8]);
}
```
该程序的运行结果为_____

2.
```
#include "stdio.h"
void main()
{ int s[12]={1,2,3,4,4,3,2,1,1,1,2,3},c[5]={0},i;
  for(i=0;i<12;i++)  c[s[i]]++;
  for(i=1;i<5;i++)  printf("%d",c[i]);
  printf("\n");
}
```
该程序的运行结果为_____

3.
```
void main()
{ int a[]={2,3,5,4},i;
  for(i=0;i<4;i++)
  switch(i%2)
  { case 0:switch(a[i]%2)
    { case 0:a[i]++;break;
      case 1:a[i]--;
    }break;
    case 1:a[i]=0;
  }
  for(i=0;i<4;i++) printf("%d",a[i]);
}
```
该程序的运行结果为_____

4.
```
#include "stdio.h"
void main()
{ int i,f[10];
  f[0]=f[1]=1;
  for(i=2;i<10;i++)
  f[i]=f[i-2]+f[i-1];
  for(i=0;i<10;i++)
  { if(i%4==0) printf("\n");
    printf("%3d",f[i]);
  }
}
```

该程序的运行结果为_____

5.
```
void main()
{ int p[7]={11,13,14,15,16,17,18},i=0,k=0;
  while(i<7&&p[i]%2) {k=k+p[i];i++;}
  printf("%d\n",k);
}
```
该程序的运行结果为_____

二、编程题

6. 任输入 10 个数，求出其中的最大值、次大值及其位置。

7. 给 5 个整数 213、178、550、429、278 用插入排序法按由小到大进行排序。

8. 随机产生 50 个[30，150]范围内的整数，显示出其中的素数，同时得出最大素数和最小素数。

9. 某班有 20 个学生，成绩由键盘输入，统计出 100 分，90～99 分，80～89 分，70～79 分，60～69 分及 60 分以下各个分数段的人数是多少。

10．随机产生 50 个[50，190]范围内的随机整数放入 a 数组中，将小于等于 100 的整数放入 a 数组的左侧，将大于 100 的整数放入 a 数组的右侧，显示该数组。

11．有如下数组元素{23，37，18，94，130，12，55}，请得出所有元素的最小值和次小值的最大公约数。

12．任意输入 10 个数，将这 10 个数按由小到大的顺序排序。(冒泡法)

13．任意输入 10 个数组元素，前 5 个降序，后 5 个升序。（冒泡排序）

14．从键盘上输入一个数 x，用折半查找法，找出该数在数组 a 中的位置，若没有，则显示"not found"。

15．一个数组有 10 个元素，按降序排列，输入一个数 x，要求插入到数组中，插入后仍按原规律排序。

16．随机产生 50 个[30，300]（包括两端）的随机整数，找出其中的水仙花数并将它存放于一个数组 t 中，按每行 5 列的格式显示 t 数组元素。

5.2 二维数组的定义及初始化

学习目标

1．掌握二维数组的定义及初始化方法。
2．掌握二维数组元素的引用方法。
3．掌握在二维数组上实现的常见算法。

内容提要

一、二维数组的定义

二维数组中数组元素是排成行列形式的一组双下标变量，用一个统一的数组名来标识，第一个下标表示行，第二个下标表示列。下标也从 0 开始。

定义二维数组的语句格式为：

类型说明符　数组名[常量表达式 1][常量表达式 2]，……；

其中类型说明符、数组名的含义和一维数组完全相同。常量表达式 1 表示数组第一维的长度，常量表达式 2 表示第二维的长度。二维数组经常用来保存行列式，因此第一维的长度也称行长度，第二维的长度也称列长度。

二、二维数组初始化

与一维数组类似，在定义二维数组的同时，也可以对其元素进行初始化。通常有以下几种方式。

（1）分行给二维数组所有元素赋初值。例如：

　　int a[2][4]={{1,2,3,4},{5,6,7,8}};

　　该语句执行后的 a 数组的各个元素值为：

a[0][0]=1，a[0][1]=2，a[0][2]=3，a[0][3]=4，

a[1][0]=5，a[1][1]=6，a[1][2]=7，a[1][3]=8。

（2）不分行给二维数组所有元素赋初值。例如：

　　int a[2][4]={1,2,3,4,5,6,7,8};

　　该语句执行后 a 数组的各个元素值同上。

（3）对部分元素赋初值。例如：

　　Int a[2][4]={{1,2},{5}};

　　该语句执行后的 a 数组的各个元素值为：a[0][0]=1，a[0][1]=2，a[1][0]=5，其余元素值为 0。

（4）若对二维数组所有元素赋初值，则第一维长度可以省略。此时第一维的长度由第二维长度自动确定。例如：

int a[ ][5]={1,2,3,4,5,6,7,8,9,10};

或　int a[ ][5]={{1,2,3,4,5},{6,7,8,9,10}};

第一维的长度＝取整$\dfrac{\text{数组元素的个数}}{\text{第二维的长度}}$+1，因此，上述二维数组 a 的第一维的长度为 2。

三、二维数组元素的引用

引用形式为：

数组名[下标表达式1][下标表达式2]

例题解析

【例 5-2-1】　阅读下列程序，参考右图中程序运行结果，请完善程序。（2011 年高考题）

```
#include<stdio.h>
void main()
{int i,j,n,a[10][10]={0};
printf("请输入一个小于 10 的整数:\n");
scanf("%d",____①____);
for(i=0;i<n;i++)
{a[i][0]=1;
a[i][i]=____②____;}
for(i=2;i<n;i++)
for(j=1;j<i;j++)
a[i][j]=____③____;

for(i=0;i<n;i++)
{
for(j=0;j<=i;j++)
printf("%4d",a[i][j]);
printf("____④____");
}
}
```

```
        1
        1 1
        1 2 1
        1 3 3 1
        1 4 6 4 1
```

解题分析　本题主要考查二维数组中杨辉三角形算法。本题中显示结果的行数由变量 n 来表示，因此①处填&n，图中显示的每一个结果对应一个个数组元素，根据显示的结果，②处

填1，根据数据产生的规律，③处填 a[i-1][j-1]+a[i-1][j]，显示出如图的形式，④处填\n。

答案 ①&n ②1 ③a[i-1][j-1]+a[i-1][j] ④\n

拓展与变换 若本程序输出的结果如下显示，则程序如何修改？

```
            1
          1   1
        1   2   1
      1   3   3   1
    1   4   6   4   1
```

【例 5-2-2】 下列程序的功能是：随机产生一组数，数值范围[1，99]，对数组 A 中的 n 个整数从小到大进行连续编号，输出各个元素的编号。要求不能改变数组 A 中元素的顺序，且相同的整数要具有相同的编号。请完善程序。（2013 苏南五市调研试卷）

若数组 A 的元素是： 5,3,4,7,3,5,6,
则输出为： 3,1,2,5,1,3,4,

```
#include <stdio.h>
#include <stdlib.h>
#include <math.h>
void main()
{
int i,j,k,n,m=0,r=1,a[2][100]={0} ;
printf("Please enter n:") ;
scanf("%d",&n) ;
for(i=0 ; i<n ; i++)
a[0][i]=rand()%99+1;
while(_____①_____)
{
for(i=0 ; i<n ; i++)
if(a[1][i]==0)
    _____②_____ ;
k=i ;
for(j=i ; j<n ; j++)
if(a[1][j]==0 && a[0][j]<a[0][k])   _____③_____ ;
a[1][k]=r++ ;
m++ ;
for(j=0 ; j<n ; j++)
if(a[1][j]==0 && a[0][j]==a[0][k])
{
a[1][j]=a[1][k] ;
m++ ;
}
}
for(i=0 ; i<n ; i++)
    _____④_____ ;
}
```

解题分析 本题是一个有关二维数组中元素的排序问题，有一定的难度。在一维数组中排序是重点算法，在二维数组中同样如此，因为二维数组中的每一行或第一列都可以看成一个一维数组。本题可以看成一个变形的选择排序算法。

答案 ①m<n ②break ③k=j ④printf("%d,",a[1][i])

【例 5-2-3】 程序功能如下：由随机函数产生 30 个互不相同的三位整数放入 5×6 的数组中，找出每行的最小值和最大值，将每行的最小值删除，并将每行最大值放在该行的最前一列中，最后输出数组。阅读下列程序，请完善程序。

```c
#include "stdio.h"
#include "math.h"
void main()
{
int b[30],a[5][6],i,j,t,max,min,p1,p2,c=0;
for(i=0;i<30;i++)
{
_____①_____ ;
for(j=0;j<i;j++)
if(b[j]==b[i])
{break;i--;}
}
for(i=0;i<5;i++)
for(j=0;j<6;j++)
a[i][j]=b[c++];
for(i=0;i<5;i++)
{
for(j=0;j<6;j++)
printf("%d\t",a[i][j]);
printf("\n");
}
for (i=0;i<5;i++)
{
/*求最大值和最小值*/
max=a[i][0];p1=0;
min=a[i][0];p2=0;
for(j=1;j<6;j++)
{
if(a[i][j]>max)
{max=a[i][j];p1=j;}
if(a[i][j]<min)
{_____②_____ }
}
/*删除最小值*/
for(j=p2;j<5;j++)
   _____③_____ ;
/*移动最大值*/
while(a[i][0]!=max)
{
t=a[i][0];
   _____④_____
a[i][j]=a[i][j+1];
a[i][j]=t;
}

}
for(i=0;i<5;i++)
{
for(j=0;j<5;j++)
printf("%d\t ",a[i][j]);
printf("\n");
}
}
```

解题分析 本题是将最值问题与移动算法综合在了一起。在二维数组中最值算法与移动算法是重点，但难度不高。二维数组中产生互不相同的整数，通过一维数组转换则较容易实现，因此①处填 b[i]=rand()%900+100，确定最小值及其位置，因此②处填 min=a[i][j];p2=j，行上的最小值位置确定后，根据题意要删除它，因此③处填 a[i][j]=a[i][j+1]，将最大值移到行的首列位置，④处填 for(j=0;j<4 或 j<=3;j++)。

答案 ①b[i]=rand()%900+100　　　　②min=a[i][j];p2=j
　　　③a[i][j]=a[i][j+1]　　　　　　④for(j=0;j<4;j++)

巩固练习

一、程序阅读题

1.
```
#include "stdio.h"
void main()
{ int aa[4][4]={{1,2,3,4},{5,6,7,8},{3,9,10,2},{4,2,9,6}};
int i,s=0;
for(i=0;i<4;i++)   s+=aa[i][1];
printf("%d\n",s);
}
```
该程序的运行结果为_____

2.
```
#include "stdio.h"
void main()
{
int b[3][3]={0,1,2,0,1,2,0,1,2},i,j,t=1;
for(i=0;i<3;i++)
for(j=i;j<=i;j++) t=t+b[i][b[j][j]];
printf("%d\n",t);
}
```
该程序的运行结果为_____

3.
```
#include "stdio.h"
void main()
{
int a[2][3]={{1,2,3},{4,5,6}};
int b[3][2],i,j;
for(i=0;i<=1;i++)
for(j=0;j<=2;j++)
{ printf("%5d",a[i][j]);
b[j][i]=a[i][j]; }
printf("\n");
for(i=0;i<=2;i++)
{ for(j=0;j<=1;j++)
printf("%5d",b[i][j]);
printf("\n");}
}
```
该程序运行的结果为_____

4.
```
#include<stdio.h>
void main()
{ int m[][3]={1,4,7,2,5,8,3,6,9};
int i,j,k=2;
```

```
    for(i=0;i<3;i++)
    printf("%d",m[k][i]);
    }
```

5.
```
#include<stdio.h>
void main()
{   int a[5][5],i,j,n=1;
for(i=0;i<5;i++)
for(j=0;j<5;j++)
a[i][j]=n++;
for(i=0;i<5;i++)
{
for(j=0;j<=i;j++)
printf("%4d",a[i][j]);
printf("\n");
}
}
```
该程序运行后的结果为＿＿＿＿＿＿＿

二、编程题

6．建立一个 3×4 的二维数组 a[3][4]并从键盘给数组元素赋值，将每一行的最大值及其位置存放在另一个数组 b[3][3]中，下标 0 列存放最大值，下标 1 列存放行下标，下标 2 列存放列下标。显示 a 数组和 b 数组。

7．输入 20 个 4 行 5 列的二维数组，求出它们列上的和，并显示出和最大的列。

8．从键盘上任输入一个整数，计算出从 10 到 50 范围内所有整数与该整数的最大公约数和最小公倍数，并把它们放入一个二维数组中，其中第 1 列（下标为 0）存放该数，第 2 列存放 10 到 50 范围内的数，第 3 列存放最大公约数，第 4 列存放最小公倍数，并输出这个二维数组的值。

9．建立一个 4×5 的二维数组并从键盘上输入该数组元素的值，按行进行由大到小排序并输出。

10．统计选票：有 3 个候选人，编号分别为 1、2、3。设有 20 个候选人，有 20 张选票。数字 1、2、3 即表示相应候选人得 1 票。若编号不在 1～3 范围的选票作废票处理，不予累计。请显示 3 个候选人的得票数。20 张选票为 1、3、1、2、3、4、0、1、2、3、2、3、1、2、1、1、1、2、1、2。

11．由键盘任意输入 4 行 5 列的二维数组元素，分别求出行上的和与列上的和。

12．由键盘任意输入一个 4 行 5 列的二维数组并输出，然后按要求完成如下移动操作：将每一列的最大值移至主对角线上，且保持该列各数相邻顺序不变，假设每列的最大值只有一个。

第6章 字符数组、字符串与字符串函数

考纲要求

- ◆ 掌握字符数组的定义和使用。
- ◆ 掌握字符串的概念和应用。
- ◆ 掌握字符串函数。

第6章 字符数组、字符串与字符串函数

6.1 字符数组与字符串

学习目标

1. 掌握字符数组的定义和使用。
2. 掌握字符串的概念和应用。
3. 掌握利用字符数组存储字符串的方法。

内容提要

一、字符、字符串和字符数组

字符、字符串和字符数组是字符型数据中的三个重要概念，我们必须掌握它们的异同点。

1. 字符

在 C 语言中，**字符**分为字符常量和字符变量。字符常量是用一对单引号（' '）括起来的一个字符。字符常量表示方法有两种：

①用单引号括起来的一个普通字符，如：'a'、'A'；
②用单引号括起来的一个转义字符，如：'\n'、'\t'。

字符变量就是值为单个字符的变量。字符变量在内存中占一个字节，只能存放一个字符，可以是 ASCII 字符集中的任何字符。当把字符存入字符变量中时，字符变量的值就是该字符的 ASCII 值。

2. 字符串

一串字符称为**字符串**。在 C 语言中，字符串指的是字符串常量。它是用一对双引号（""）括起来的字符序列，如"hello!"。

注意 比较一下'a'与"a"的异同点，"a"也是一个字符串。

C 语言中没有专门存放字符串的变量，字符串的存储和操作依赖于字符数组。在实际应用中，人们一般关心的是有效字符串的长度而不是所定义的数组长度（例如一个字符数组定义长度为 50 而实际存放的字符串长度为 30），这时用字符'\0'作为字符串的结束标志。'\0'占用内存空间，但不计入字符串的长度。如："hello!"是一个字符串常量，该字符串共有 6 个字符，所以它的长度为 6，而它内存中占用了 7 个字节，因为后面还有一个字符'\0'（C 语言编译系统会自动在后面添加一个字符'\0'）。

注意 字符'\0'为字符串的结束标志，是一个转义字符，称为"空值"，'\0'的 ASCII 码值为 0。在新建一个字符串时，结尾要加一个'\0'。读者应加以重视。

3. 字符数组

字符数组是用来存放字符的数组。也就是说字符数组的每个元素存储一个字符，用一个字符数组存放一个字符串。字符数组与字符串有着密切的关系，它们之间既有联系，又有区别。

字符串是一种特殊的字符数组。

注意 字符数组一般是指一维数组。如果是二维数组,我们一般称为字符串数组。

二、字符数组的定义和使用

1. 字符数组的定义和引用

字符数组的定义和元素的引用方式与数值型数组类似。
（1）字符数组的定义
char 数组名[常量表达式]；例如：char s[10];
（2）字符数组元素的引用
引用第i个元素的方式为s[i-1],如：s[0]、s[1]等。

2. 字符数组的赋值

字符数组的赋值方法很多,常用的方法有:字符数组初始化、逐个字符输入和字符串整体输入。
（1）字符数组的初始化
方式一：char s[10]={'h','e','l','l','o','!','\0'};
方式二：char s[10]={"hello!"}；或 char s[10]= "hello!";
上述情况,均可省略字符数组长度10。即：
方式一可变为：char s[]={'h','e','l','l','o','!','\0'};
方式二可变为：char s[]={"hello!"}；或 char s[]="hello!";
（2）逐个字符输入,最后人工补'\0'
方式一：for(i=0;i<n;i++)
    s[i]=getchar();
    s[n]='\0';   //人为加上字符串结束标志'\0'
方式二：for(i=0;i<n;i++)
    scanf("%c",&s[i]);
    s[n]='\0';   //人为加上字符串结束标志'\0'
（3）字符串整体输入
方式一：gets(s);
方式二：scanf("%s",s);

注意 scanf()与gets()两个函数的区别。scanf()一次可输入多个字符串,但输入的字符串中不能包含空格；gets()一次只能输入一个字符串,该字符串可以包含空格。

3. 字符数组的输出

（1）逐个字符输出
方式一：for(i=0;i<n;i++)
    putchar(s[i]);
方式二：for(i=0;i<n;i++)
    printf("%c",s[i]);
（2）字符串整体输出
方式一：puts(s);
方式二：printf("%s",s);

三、字符串数组

字符串数组就是数组中的每个元素又都是一个存放字符串的字符数组。这是一个二维字符数组。例如：

char str[3][6]={"AAA","BBBB","CC"};

字符串数组 str 共有 3 个元素，每个元素又可以存放 6 个字符。在定义字符串数组时就可以给它赋初值。二维字符数组的第一个下标决定了字符串的个数，第二个下标决定了字符串的最大长度。在内存中，3 个字符串在数组 str 中的存储情况如图 6-1-1 所示。

A	A	A	\0	\0	\0
B	B	B	B	\0	\0
C	C	\0	\0	\0	\0

图 6-1-1　字符串数组 str 存储情况

例题解析

【例 6-1-1】 输入一段由英文字母和其他字符组成的字符串，统计这段字符串中 26 个英文字母和其他符号出现的次数，其中英字母不区分大小写，非英文字母的字符都作为其他字符。

解题分析 本题主要考查如何统计一个字符串中各字符（含非字母字符）个数。我们可以定义一个整型数组 num[27]存放结果，其中 num[0]~num[25]存放字母 A(a)~Z(z)的个数，num[26]存放其他字符的个数。此题采用穷举法，对字符串中的每个字符逐个判断。当 str[i]为大写字母时，num[str[i]-'A']中下标表达式 str[i]-'A'的取值范围为 0~25，正好对应统计字母'A'~'Z'的数组元素下标。当 str[i]为小写字母时，num[str[i]-'a']中下标表达式 str[i]-'a'的取值范围为 0~25，正好对应统计字母'a'~'z'的数组元素下标。当 str[i]为其他字符时，统计的结果存入 num[26]中。

答案
```
#include<stdio.h>
void main()
{
 char str[80];
 int num[27]={0},i;
 printf("请输入一个字符串：\n");
 gets(str);
 for(i=0;str[i]!='\0';i++)
 {if(str[i]>='A'&&str[i]<='Z')          //如果 str[i]为大写字母
  num[str[i]-'A']++;
  else if(str[i]>='a'&&str[i]<='z')     //如果 str[i]为小写字母
  num[str[i]-'a']++;
  else                                   //如果 str[i]为其他字符
  num[26]++;
 }
 for(i=0;i<26;i++)
 printf("%c(%c):%d\n",i+'A',i+'a',num[i]);
 printf("其他字符:%d\n",num[26]);
}
```

【例 6-1-2】输入一个字符串和一个字符，要求将字符串中出现的该字符全部删除。如输入的字符串为"I love JiangSu!",要删除的字符为空格",则程序运行结果为"IloveJiangSu!"。

解题分析 本题主要考查如何删除字符数组中的字符算法。删除操作实际上是将要删除字符的后面一个字符前移，覆盖掉要删除的字符。我们可以定义两个变量 i 和 j，用变量 i 指向字符串中待比较的字符位置，变量 j 指向比较后不需要删除的字符存放的位置。程序从下标 0 开始逐个比较字符，如不是要删除的字符，则将该字符存放数组的 j 处，同时 j++，i++；如果是要删除的字符，则 j 不作变化，仅 i++，指向下一个待比较的字符位置。

答案
```c
#include<stdio.h>
#include<string.h>
void main()
{
char str[80],ch;
int i,j=0;
printf("请输入一个字符串：\n");
gets(str);
printf("请输入要删除的字符：\n");
ch=getchar();
for(i=0;str[i]!='\0';i++)
if(str[i]!=ch)str[j++]=str[i];        //将不要删除的字符保存在 str[j++]中
str[j]='\0';
puts(str);
}
```

拓展与变换 语句 str[j]= '\0';的作用是什么？如果没有该语句，结果会如何？

【例 6-1-3】编写一个程序，其功能是：删除字符串中指定下标开始的 num 个字符。其中，str 指向字符串，p 中存放指定的下标，num 为删除字符的个数。例如，字符串内容为"Hellollo JiangSu!"；变量 p 的值为 5;变量 num 的值为 3。则程序运行后的结果为"Hello JiangSu!"。

解题分析 本题主要考查字符数组中在指定位置开始删除指定个数的字符。删除字符所用的算法是将下标为 p+num 及以后的所有字符依次往前移 n 个字符，这样就把要删除的字符覆盖了（即删除了）。最后要在新字符串尾加一个结束符'\0'。

答案
```c
#include<stdio.h>
#include<string.h>
void main()
{char str[80]="Hellollo JiangSu! ";
int p,num,m,i;
printf("原字符串：%s\n",str);
printf("输入删除开始位置的下标：");
scanf("%d",&p);
printf("输入删除字符的个数：");
scanf("%d",&num);
m=strlen(str);
for(i=p+num;i<m;i++)          //将下标为 p+num 及后面的所有字符依次往前移 n 个字符
str[p++]=str[i];
str[p]='\0';
```

```
printf("原字符串：%s\n",str);
}
```

拓展与变换 上述两个例题都是删除字符的题目，第一题是删除字符串中某个字符，第二题删除指定位置、指定个数的字符。请理解上述两题的区别。

【例6-1-4】 输入行字符串，统计其中有多少个单词，单词之间用空格隔开。

解题分析 本题是一道典型的字符数组应用题，考查读者应用字符数组的知识，解决综合问题的能力。单词数目可以由空格数目决定连续（若干个空格作为一个空格，且一行开头空格不计在内）。若某一个字符为非空格，而它前面的字符是空格，则说明"新的单词"开始，可使单词数（如用变量 wordnum 表示）加 1，前面是否为空格可用一个变量如：space = 1（空格）和 space = 0（非空格）来区分。

答案
```
#include<stdio.h>
void main()
{char str[80],ch;
int space=1,wordnum=0,i;
printf("输入一个字符串：");
gets(str);
for(i=0;(ch=str[i])!='\0';i++)
if(ch==' ')                    //如果当前字符是空格,则 space 设置为 1
space=1;
else if(space==1)              //如果 space 为 1,则设 space 为 0,并将单数加 1
{ space=0;
wordnum++;
}
printf("输入的字符串共有%d 个单词。\n",wordnum);
}
```

巩固练习

一、单项选择题

1. 设有数组说明：char arr[]="JiangSu";，则数组 arr 所占用的空间为（　　）。
   A．6B　　　　　　B．7B　　　　　　C．8B　　　　　　D．10B
2. 以下不能对字符串赋初值的是（　　）。
   A．char s[5]="good!";　　　　　　　B．char s[]="good!";
   C．char s[6]="good!";　　　　　　　D．char s[5]={'g','o','o','d'};
3. 给定以下定义，则正确的描述是（　　）。
   char a[]="good";
   char b[]={'g','o','o','d'};
   A．数组 a 和数组 b 等价　　　　　　B．数组 a 和数组 b 的长度相等
   C．数组 a 的长度大于数组 b 的长度　　D．数组 a 的长度小于数组 b 的长度
4. 以下程序的运行结果是（　　）。(其中□代表空格)
   ```
   main()
   {char a[]={'a','b','\0','c','d','\0'};
    puts(a);
   }
   ```

A．ab   B．abc   C．ab□c   D．ab□

5. 已知字母 A 的 ASCII 码值为 65，下面程序的运行结果是（   ）。
```
main()
{char ch1,ch2;
ch1='A'+'5'-'3';
ch2='A'+'6'-'3';
printf("%d,%c\n",ch1,ch2);
}
```
A．67,D   B．B,C   C．C,D   D．不确定的值

6. 下列程序运行后的结果是（   ）。
```
#include<stdio.h>
void main()
{char s[]="Hello,you";
s[5]=0;
printf("%s\n",s);
}
```
A．Hello,you   B．Hello0you   C．Hello   D．Hello,

7. 以下程序的输出结果是（   ）。
```
#include<stdio.h>
void main()
{int i;
char str[]="student";
for(i=1;str[i]!='\0';i++)
{switch(str[i])
{case 't':putchar('#');
case 'n':putchar('$');
default:continue;
}
putchar('*');
}
}
```
A．$*#$*   B．$#$ C．#$*$*#$*   D．#$$#$

8. 以下程序的输出结果是（   ）。
```
#include<stdio.h>
void main()
{int i,k=0;
char a[]="book",t;
for(i=1;i<=3;i++)
if(a[k]<a[i])k=i;
t=a[k];a[k]=a[3];a[3]=t;
puts(a);
}
```
A．boko   B．bk0oo0   C．koob   D．book

二、程序阅读题

9.
```
#include<stdio.h>
void main()
{ int i;
char str[][10]={"abcd","efgh","ijkl","mnop"};
for(i=0;i<3;i++)
puts(str[i]);
}
```

10.
```
#include<stdio.h>
```

```
void main()
{
char str[]={"\"XYZ\b\"\n\\\x41\142"};
puts(str);
}
```
该程序运行后的结果为＿＿＿＿＿＿＿＿＿＿＿＿＿＿＿

11.
```
#include<stdio.h>
void main()
{int i,j=0;
char str[]="English";
for(i=1;i<7;i++)
if(str[j]<str[i])j=i;
printf("%c,%d\n",str[j],j+1);
}
```
该程序运行后的结果为＿＿＿＿＿＿＿＿＿＿＿＿＿＿＿

12.
```
#include<stdio.h>
void main()
{int i,j;
long s=0;
char str[2][5]={"1234","5678"};
for(i=0;i<2;i++)
for(j=0;str[i][j]>'\0';j++)
s=10*s+str[i][j]-'0';
printf("s=%ld\n",s);
}
```
该程序运行后的结果为＿＿＿＿＿＿＿＿＿＿＿＿＿＿＿

13.
```
#include<stdio.h>
void main()
{int i,s=0;
char a[]="12ab345";
for(i=0;a[i]>='0'&&a[i]<='9';i++)
s=s*10+a[i]-'0';
printf("s=%d\n",s);
}
```
该程序运行后的结果为＿＿＿＿＿＿＿＿＿＿＿＿＿＿＿

14.
```
#include<stdio.h>
void main()
{int i=0;
char a[10]="CHINA",b[10]="BOY",c[10];
while(b[i]!='\0')
{if(a[i]>b[i])c[i]=a[i]+32;
else c[i]=b[i]+32;
i++;
}
c[i]='\0';
printf("%s\n",c);
}
```
该程序运行后的结果为＿＿＿＿＿＿＿＿＿＿＿＿＿＿＿

三、程序填空题

15. 下列程序的功能是：将无符号八进制数字构成的字符串转换为十进制整数。例如，输入的字符串为"556"，则输出十进制整数366。请完善程序。
```
#include<stdio.h>
void main()
{int num,j;
char str[5];
printf("请输入一个八进制数:");
gets(str);
if(str[0]!='\0')num=str[0]-'0';
j=_____①_____ ;
while(str[j]!='\0')
{num=_____②_____ ;
j++;}
printf("%d\n",num);
}
```

16. 下列程序的功能是：将字符串 str 中所有数字字符对应的元素下标值存放在整型数组 arr 中。请完善程序。
```
#include<stdio.h>
void main()
{int i=0,j=0,arr[80];
char str[80];
gets(str);
while(str[i]!='\0')
{if(str[i]>='0'___①___&str[i]<='9')
_____②_____ ;
i++;
}
for(i=0;i<___③___;i++)
printf("%3d",arr[i]);
}
```

17. 下列程序的功能是：有 10 个字符串中，找出每个字符中最大字符按一一对应的顺序存入一维数组中，即第 i 个字符串中最大字符存入 a[i]中，最后输出每个字符串中的最大字符。请完善程序。
```
#include<stdio.h>
void main()
{int i,j;
char str[10][20],a[10];
for(i=0;i<10;i++)
_____①_____ ;
for(i=0;i<10;i++)
{_____②_____ ;
for(j=1;str[i][j]!='\0';j++)
if(a[i]<str[i][j])
_____③_____ ;
}
for(i=0;i<10;i++)
printf("%d:%c\n",i,a[i]);
}
```

四、编程题

18. 不用字符串处理函数，求字符串的长度_____。

19．请编写程序，在字符串 a 中找出最大的字符，并将该字符前的所有字符向后移动一位（第一个字符不变）。

20．从键盘输入 5 个字符串，按字母顺序排序后输出。

6.2 字符串函数

学习目标

1．掌握 4 个字符串函数的格式。
2．应用字符串函数解决实际问题。

内容提要

C 语言中，通过调用库函数来实现字符串的赋值、合并和比较等，而不能用运算符实现类似的运算。下面的函数是常用的字符串函数。这些字符串函数包含在头文件"string.h"中。

1．求字符串的长度（strlen）

（1）格式：
```
strlen(s);
```
（2）功能：计算字符数组 s（或字符串常量）的长度。
例如：
```
char s[10]="Hello!";
printf("%d",strlen(s));
```
输出结果不是 10，也不是 7，而是 6。

注意 字符串中的结束标志'\0'不计入在内。

2．字符串的连接（strcat）

（1）格式：
```
strcat(s1,s2);
```
（2）功能：将字符数组 s2 连接在字符数组 s1 的后面，构成一个新的字符串存入字符数组 s1 中。

注意 在连接时，系统将自动删除字符数组 s1 后面的'\0'，然后连接字符数组 s2，并在连接后的字符串后面添加'\0'标志。另外，字符数组 s1 要足够大，以便容纳连接后的新字符串。

3．字符串的复制（strcpy）

（1）格式：

```
strcpy(s1,s2);
```
（2）功能：将字符数组 s2 中存储的字符串复制到字符数组 s1 中。

字符数组 s2 既可以是一个数组名，也可以是一个字符串常量，但字符数组 s1 必须是一个数组名。

注意 ①字符数组 s1 要足够大，以便容纳字符数组 s2。

②不允许像其他变量一样为字符数组整体赋值，例如下面的语句是错误的：

  char s1[10],s2[]="Hello!";

  s1=s2;

数组名 s1 是地址常量，不能进行赋值运算。请读者改写上面的字符串复制语句。

4．字符串的比较（strcmp）

（1）格式：

```
strcmp(s1,s2);
```

（2）功能：比较字符数组 s1 与字符数组 s2 的大小。

（3）字符串的比较规则

对于两个字符串从左至右依次比较对应的字符（按照 ASCII 码值比较），直到遇到不同字符为止。若全部字符相同，则认为两个字符串相等，否则由遇到的第 1 个不同字符来决定大小。

该函数可返回比较的结果：

① 字符数组 s1=字符数组 s2，函数值=0。

② 字符数组 s1>字符数组 s2，函数值>0。

③ 字符数组 s1<字符数组 s2，函数值<0。

注意

① 对两个字符串的比较不能采用 s1==s2 形式。if(s1==s2)printf("s1==s2")是错误的。请读者改写上面的字符串比较语句。

② 请读者列表比较上述 4 个字符串函数的格式、功能及注意事项。

例题解析

【例 6-2-1】 阅读下列程序回答有关问题。（2010 年高考题）

```c
#include <stdio.h>
#include <string.h>
fun(char t[80])
{ char p[80];
int i,j=0;
for(i=strlen(t)/2;i<=strlen(t);i++)
p[j++]=t[i];
p[j]='\0';
strcat(t,p);
}
void main()
{ char str[]="12345678";
fun(str);
puts(str);
}
```

解题分析 本题是一道考查字符串函数及如何构成一个新字符串的综合题，程序采用函数结构编写。fun 函数主要功能是：将字符串 t 的后半部分字符（存放在 p 字符数组中）连接到 t

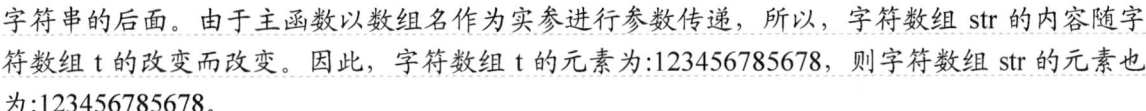

字符串的后面。由于主函数以数组名作为实参进行参数传递，所以，字符数组 str 的内容随字符数组 t 的改变而改变。因此，字符数组 t 的元素为:123456785678，则字符数组 str 的元素也为:123456785678。

答案 123456785678

【例 6-2-2】 写出下列程序的运行结果。（2011 年高考题）

```
#include <stdio.h>
#include <string.h>
void main()
{
char p[20]={'a','b','c','d'},q[]="ijklmn", r[]="vwxyz";
strcpy(p,r);
strcat(p,q);
printf("%d%d\n",strlen(r)*4,strlen(p));
}
```

解题分析 本题主要考查 3 个函数：字符串复制、连接和求字符串长度的函数。字符数组 r 的长度为 5，所以 strlen(r)*4 的值为 20，而经过复制和连接后，字符数组 p 共有 11 个元素，所以，strlen(p) 的值为 11，这样答案不难得出。

答案 2011

【例 6-2-3】 编写一个程序，程序的功能是：把 s 字符串中的所有字符左移一个位置，串中的第一个字符移到最后，例如：输入字符串为"1234567"，则左移后的字符串为："2345671"。

解题分析 本题主要考查字符数组元素移动的知识。编写该程序时，首先要将第一个元素如 str[0] 存入变量 ch 中，接着用循环结构，依次将后面存储单元的字符存入到前面的存储单元。即 str[i]=str[i+1]，最后将保存在变量 ch 中的字符存入到最后一个字符的位置。

答案
```
include<stdio.h>
#include<string.h>
void main()
{char str[80],ch;
int i;
printf("请输入一个字符串:");
gets(str);                           //输入一个字符串
printf("原字符串：");
puts(str);
ch=str[0];                           //保存第一个字符
for(i=0;i<strlen(str)-1;i++)         //将后面的字符存入到前面的单元中
str[i]=str[i+1];
str[i]=ch;                           //将保存的原第一个字符存入到最后一个存储单元中
str[i+1]='\0';                       //构成的新字符串最后补结束标志'\0'
printf("移动后的字符串：");
puts(str);
}
```

【例 6-2-4】 输入 8 个国家的名称按字母排序输出。

解题分析 本题主要考查字符串数组排序的知识，8 个国家名应由一个二维字符数组来处理。然而 C 语言规定可以把一个二维数组当成多个一维数组处理。因此可以按 8 个一维数组处理，每一个一维数组应是一个国家名字符串。用字符串比较函数比较和一维数组的大小，并排序，输出结果即可。

答案
```
#include<stdio.h>
#include<string.h>
void main()
{char temp[30],couns[8][30];
 int i,j;
 printf("请输入8个国家的名字:");
 for(i=0;i<8;i++)                      //输入8个国家名字符串
 gets(couns[i]);
 printf("\n");
 for(i=0;i<7;i++)                      //对8个国家名进行排序
 for(j=i+1;j<8;j++)
 if(strcmp(couns[i],couns[j])>0)       //字符串比较
 {                                     //字符串交换
 strcpy(temp,couns[i]);
 strcpy(couns[i],couns[j]);
 strcpy(couns[j],temp);
 }
 for(i=0;i<8;i++)                      //输出排序后的国家名
 puts(couns[i]);
 }
```

拓展与变换 请读者体会字符中的排序和其他类型数据排序的不同之处。另外，也请读者用其他的排序方法（如选择法、冒泡法和插入法）改写本题。

巩固练习

一、单项选择题

1. 为了比较两个字符串 s1 和 s2 是否相等，应当使用（　　）。
   A．if(s1=s2)　　　　　　　　　　　B．if(s1==s2)
   C．if(srtcpy(s1,s2))　　　　　　　D．if(srtcmp(s1,s2)==0)

2. 调用 strlen("abcd\0ef\0g")的返回值是（　　）。
   A．4　　　　B．5　　　　C．8　　　　D．9

3. 以下程序的运行结果是（　　）。（其中，□代表空格）
   ```
   #include<stdio.h>
   #include<string.h>
   main()
   {char a[7]="abcde",b[4]="ABC";
   strcpy(a,b);
   printf("%c",a[4]);
   }
   ```
   A．□　　　　B．\0　　　　C．e　　　　D．f

4. 下列程序运行后的结果是（　　）。
   ```
   #include<stdio.h>
   #include<string.h>
   void main()
   {char s[10]="ABCD";
   printf("%d,%d",strlen(s),sizeof(s));
   }
   ```
   A．7,4　　　　B．4,10　　　　C．8,8　　　　D．10,10

5. 为了判断字符串 s1 是否小于字符串 s2，正确的条件书写形式是（　　）。

A．s1>s2　　　　B．strcmp(s1,s2)>0　　C．strcmp(s1,s2)<0　　D．s1-s2>0

6．下列程序的运行结果是（　　）。
```
#include<stdio.h>
void main()
{char s1[10]="aid",s2[10]="and";
int i=0,s;
while((s1[i]==s2[i]&&s1[i]!='\0'))i++;
if(s1[i]=='\0'&&s2[i]=='\0')s=0;
else s=s1[i]-s2[i];
printf("%d\n",s);
}
```
A．-4　　　　　　B．4　　　　　　　C．-5　　　　　　D．5

7．下列程序的运行结果是（　　）。
```
#include<stdio.h>
#include<string.h>
void main()
{int i=0;
char a[20]="1203",b[20]="abc",c[50];
strcat(b,a);
while(b[i]!='\0')c[i++]=b[i];
c[i]='\0';
printf("%s\n",c);
}
```
A．1203abc　　　B．abc1203　　　C．abc12　　　　D．12abc

8．下列程序的运行结果是（　　）。
```
#include<stdio.h>
void main()
{char a[]="+2468";
int i,w,s=1;
if(a[0]=='+')i=1;
else if(a[0]=='-'){s=-1;i=1;}
else i=0;
for(w=0;a[i]>='0'&&a[i]<='9';i=i+2)
w=w*10+a[i]-'0';
printf("%d\n",s*w);
}
```
A．26　　　　　　B．+26　　　　　　C．+2468　　　　D．48

二、程序阅读题

9.
```
#include<stdio.h>
#include<string.h>
void main()
{ char s[10]="1,2,3,4,5";
gets(s);
strcat(s, "6789");
printf("%s\n",s);
}
```
当执行程序时，若输入 ABC，请写出程序的运行结果为_____

10.
```
#include<stdio.h>
#include<string.h>
void main()
{int i,j,t,k;
char str[]="Clanguage";
```

```
k=strlen(str);
for(i=0;i<k-1;i++)
for(j=i+1;j<k;j++)
if(str[i]<str[j]){t=str[i];str[i]=str[j];str[j]=t;}
printf("%s\n",str);
}
```

该程序运行后的结果为_____

11.
```
#include<stdio.h>
void main()
{char a[]="abcdefghi";
int i;
for(i=3;i<6;i++)
a[i+1]=a[i];
puts(a);
}
```

该程序运行后的结果为_____

12.
```
#include<stdio.h>
void main()
{char ch[]="Book";
int i;
for(i=0;ch[i]!='\0';i++)
{switch(ch[i])
{case 'b':putchar('#');break;
case 'o':putchar('*');continue;
case 'k':putchar('@');
}
putchar('&');i++;
}
}
```

该程序运行后的结果为_____

13.
```
#include<stdio.h>
#include<string.h>
void main()
{char a[10]="1234",b[10]="ABCDE";
int len;
len=strlen(strcat(a,b));
printf("len=%d\n",len);
}
```

该程序运行后的结果为_____

14.
```
#include<stdio.h>
#include<string.h>
void main()
{char a[10]="abcdefgh";
int i;
i=strlen(a)-1;
do
{a[i]=a[i-2];
}while(--i>2);
puts(a);
}
```

该程序运行后的结果为_____

三、程序填空题

15. 下列程序的功能是：从键盘上输入一个字符串 str 和一个字符 ch。然后将字符串 str 中所有 ch 字符删除。请完善程序。

```
#include<stdio.h>
void main()
{int i,j;
char str[80],ch;
gets(str);
ch=_____①_____;
for(i=j=0;str[i]!='\0';i++)
if(str[i]!=ch)_____②_____;
str[j]='\0';
puts(str);
}
```

16. 下列程序的功能是：从键盘上输入一个字符串 str 和一个字符 ch。然后在字符串 str 中查找 ch。若找到，则输出该字符在数组中第一次出现的位置，否则，输出-1。请完善程序。

```
#include<stdio.h>
#include<string.h>
void main()
{int i,j,n;
char str[80],ch;
gets(str);
ch=getchar();
n=_____①_____;
for(i=0;i<n;i++)
if(_____②_____)
{j=i;break;}
else
j=-1;
printf("%d\n",j);
}
```

17. 下列程序的功能是：从键盘上输入一个字符串 str。然后查找字符串 str 中最大字符，并与它前一个字符对调，如果第 1 个字符最大，则与最后一个字符对调。请完善程序。

```
#include<stdio.h>
#include<string.h>
void main()
{int i,k,len;
char str[80] ,t;
gets(str);
len=strlen(str);
k=0;
for(i=1;i<len;i++)
if(str[k]<str[i])_____①_____;
if(_____②_____)
{t=str[k];str[k]=str[k-1];str[k-1]=t;}
else
{t=str[k];str[k]=str[len-1];str[len-1]=t;}
printf("%s\n",str);
}
```

四、编程题

18. 编写一个程序，将两个字符串连接起来，不要用 strcat 函数。

19. 编程实现从键盘上输入的一行字符进行加密。加密规定如下，将字母转换成排在该字符后的下一个字符。如 a 转换成 b，b 转换成 c，而 z 转换成 a，A 转换成 B，B 转换成 C，而 Z 转换成 A。字母以外的字符不进行转换。

20. 有一个已按升序排列的字符串 str，现从键盘上输入一个字符，请用折半查找法找出该字符在字符串 str 中的位置。若该字符不在 str 中，则打印输出-1。

第7章 函 数

考纲要求

- ✧ 理解库函数的正确调用。
- ✧ 掌握函数的定义方法。
- ✧ 理解函数的类型和返回值。
- ✧ 掌握形式参数与实在参数，参数值的传递。
- ✧ 理解函数的调用。
- ✧ 理解局部变量和全局变量。

7.1 函数的定义及类型

学习目标

1. 掌握库函数的正确调用。
2. 掌握函数的定义方法。
3. 理解函数的类型。

内容提要

一、函数的概念

1. 函数

函数是可以反复使用的一个程序。其他程序可以通过函数调用语句来执行这个程序段，如果要在程序的不同地方多次执行一系列相同的操作，就可以把这一系列的操作从程序中独立出来，形成一个函数。建立函数的过程称为函数定义，使用函数的过程称为函数调用。

2. 主调函数和被调函数

函数要被其他函数调用才能运行，通常把调用其他函数的函数称为"主调函数"，而被其他函数调用的函数称为"被调函数"。在 C 语言中，除 main 函数（主函数）外，其他所有函数既可以作主调函数，也可以作被调函数。但 main 函数只能作主调函数，不能作被调函数。C 语言程序的执行总是从 main 函数开始，完成对其他函数的调用后再返回到 main 函数，最后由 main 函数结束整个程序。因此一个 C 语言程序有且仅有一个 main 函数。

注意 在 C 程序中，所有函数定义，包括 main 函数在内，都是平行的，也就是说，在一个函数的函数体中，不能再出现另外一个函数的定义，即不能嵌套定义。但多个函数间允许相互调用，甚至还允许函数的自身调用。

二、库函数

1. 库函数概念

由 C 语言系统提供，无需用户定义，也不必在程序中作类型说明，只需在程序前包含有该函数的头文件即可在程序中直接调用。

每类库函数都对应不同的头文件，如数学函数对应的头文件为"math.h"，字符串函数对应的头文件为"string.h"等。

注意 include 说明必须以#开头，且结尾不能加";"号，因为它不是 C 程序语句。

2. 库函数调用

（1）库函数调用的一般形式为：函数名（参数表）

（2）库函数在 C 语言程序中出现的方式：

①在表达式中出现，如：y=sqrt(x)+4;
②作为独立的语句出现，如：scanf("%d",&n);
③作为函数参数出现，如：d=max(s,strlen(s));

三、函数的定义

虽然 C 语言程序提供了大量的库函数，但它们仍不能完全满足所有用户的需求。用户可以根据自己的需要，编写所需函数，这类函数称为用户自定义函数。本章重点讨论用户自定义函数。

1．函数定义的一般形式

```
类型名 函数名（类型名 形参1，类型名 形参2……）   ——函数头
{
说明语句;                                    函数体
执行语句;
}
```

例如：定义求两个数中大数的函数。
```
int max(int x,int y)              //函数头
{                                 //函数体
 int z;
 if(x>y) z=x;else z=y;
 return z;
}
```

2．函数定义的说明

（1）形参个数可以有 0 个或若干个。即使是 0 个，函数名后面的圆括号也不能省略。
（2）自定义函数由函数头和函数体组成。函数体包含在函数头后面的一对花括号内，由说明语句和执行语句组成。
（3）形参的值由主调函数传递过来，不需要另行赋值。

四、函数的类型

函数名前面的类型名是函数返回值的类型。对于函数的类型有几点说明：
（1）在函数中，如果类型名与返回值不一致时，则以函数类型为准，自动进行类型转换。
（2）如果函数值为整型，在函数定义时可以省去类型说明。
（3）不返回函数值的函数，可以明确定义为"空类型"，类型名为"void"。

例题解析

【例 7-1-1】 在 C 语言中，若对函数类型未加说明，则函数类型隐含为 ＿＿＿＿＿＿＿＿ 。

解题分析 本题主要考查函数的类型。在 C 语言中，如果在定义一个函数时，对函数类型未加说明，系统会隐含指定函数类型为 int。

答案 int

拓展与变换 函数返回值的类型由定义函数时的函数首部中的函数类型决定，函数类型可以是任何类型。void 的含义无值型，表示函数不带返回值。

【例 7-1-2】 阅读下列程序回答有关问题。（2010年高考题）

```
(1) /*求两数中最大数程序*/
(2) #include <stdio.h>
(3) int max(int x,int y)
(4) {
(5)   int z;
(6)   z=x>y?x:y;
(7)   return z;
(8) }
(9) void main()
(10) {
(11)  int a,b,c;
(12)  scanf("%d, %d",&a,&b);
(13)  c=max(a,b);
(14)  printf("最大数是:%d\n",c);
(15) }
```

上述程序中，（1）行处称为　①　语句；（3）行中的"x"和"y"是函数 max()的　②　参数；该程序会从函数　③　处开始运行；若输入数"1，2"并回车，可得到的运行结果是：　④　。

解题分析 本题是一个 C 语言的基础题，主要考查函数的定义。其中，"/*求两数中最大数程序*/"表示注释语句。该程序由一个主函数和一个求最大值的自定义函数构成，函数头"int max(int x,int y)"中的 x,y 为形式参数。C 语言程序的执行都是从主函数开始，最后返回主函数结束。综上所述，不难得出答案。

答案 ①注释　　②形式　　③（9）　　④最大数是:2

拓展与变换 在 VC 中，除了用"/*　*/"表示注释语句外，还可以用"//"表示注释语句。

【例 7-1-3】 下列程序的功能是求：s=1!+2!+3!+4!+5!的值。请完善程序。

```
#include<stdio.h>
   ①   jc(int n)
{ int i;
  long p=1;
 for(i=1;i<=   ②   ;i++)
p=p*i;
return(p);
}
void main()
{int i,n;
long s=0;
for(i=1;i<=5;i++)
s=   ③   ;
printf("1!+2!+3!+4!+5!=   ④   \n",s);
}
```

解题分析 本题主要考查函数的定义及如何定义一个求阶乘的函数。程序由一个主函数 main 和一个求阶乘的函数 jc 构成。对于函数 jc 而言，由于函数的返回值为长整型，所以函数的类型为长整型，因此①处填写 long。函数 jc 是用来求 n 的阶乘，循环变量 i 的终值为 n，因此②处填写 n。在主函数 main 中，s 表示 1!+2!+3!+4!+5!的和，因此这是一个累加的过程，所以③填写 s+jc(i)。由于 s 为长整型，因此④处填写%ld。

答案 ①long　　②n　　③s+jc(i)　　④%ld

拓展与变换 若本程序求 s=1!+2!+3!+4!+5!+…+n!的值，n 从键盘输入，则程序如何修改？

巩固练习

一、单项选择题

1. 以下说法中错误的是（　　）。
   A．C 程序中可以只包含一个 main 函数
   B．C 程序中由一个 main 函数和若干个其他函数构成
   C．C 程序中可以没有 main 函数，但至少应包含一个其他函数
   D．C 程序由函数组成，函数是构成程序的基本单位

2. 以下说法中正确的是（　　）。
   A．main 函数和其他函数间可相互调用
   B．main 函数可以调用其他函数，但其他函数不能调用 main 函数
   C．因为 main 函数可不带参数，所以其后的参数小括号能省略
   D．根据情况，可以不写 main 函数

3. 若已用 "k=fun(fun(a,b,&c),5,&a);" 形式正确调用 fun 函数，则该函数的形参个数为（　　）。
   A．2　　　　B．3　　　　C．4　　　　D．5

4. C 语言规定，函数返回值的类型是（　　）。
   A．由 return 语句中表达式的类型所决定
   B．由调用该函数的主调函数所具有的类型决定
   C．由定义该函数时所指定的函数类型决定
   D．由系统随机决定

5. 下列函数的返回值类型是（　　）。
   ```
   fun (char a)
   {printf("a=%c\n",a);}
   ```
   A．void　　　B．char　　　C．int　　　D．不确定

6. 以下叙述不正确的是（　　）。
   A．在函数中，通过 return 语句传回函数值
   B．在函数中，可以有多条 return 语句
   C．在 C 语言中，主函数名 main 后的一对圆括号中也可以带有参数
   D．在 C 语言中，调用函数必须在一条独立的语句中完成

7. 以下程序的输出结果是（　　）。
   ```
   #include <stdio.h>
   func(int a,int b)
   { int c;
   c=a-b;
   return c;
   }
   void main()
   { int x=6,y=7,z=8,r;
   r=func((x--,++y,x+y),z--);
   printf("%d\n",r);
   ```

A．4　　　　　B．7　　　　　C．5　　　　　D．6

8．以下程序的输出结果是（　　）。
```
#include<stdio.h>
void fun(int a,int b,int c)
{   c=a+b;}
void main()
{ int c;
fun(3,6,c);
printf("%d\n",c);
}
```

A．0　　　　　B．3　　　　　C．9　　　　　D．无定值

二、程序阅读题

9．
```
#include <stdio.h>
void fun(int x,int y)
{ printf("%d,%d,",x,y);
x=3;y=4;
}
void main()
{ int x=1,y=2;
fun(y,x);
printf("%d,%d\n",x,y);
}
```
该程序运行后的结果为＿＿＿＿＿＿

10．
```
#include <stdio.h>
int fun(int x,int y)
{ int z;
z=x+y;
return z;
}
void main()
{ int x=1,y=2,z=4,s;
s=fun(fun(x,y),z);
printf("s=%d\n",s);
}
```
该程序运行后的结果为＿＿＿＿＿＿

三、编程题

11．编写一个函数，函数的功能：输入两个实数，求它们的最小值。（函数名为：ff1）

12．编写一个函数，函数的功能：求两个整数的和。（函数名为：ff2）

13．编写一个函数，函数的功能：求 $f=n!$(即 $1×2×3×4×\cdots×n$)的积。（函数名为：ff3）

14．编写一个函数，函数的功能：输出"*****"。（函数名为：ff4）

15．编写一个函数，输出 5 行"*****"。（函数名为：ff5）

16．编写一个函数，函数的功能是：判断一个整数是否为素数。（函数名为：ff6）

7.2 函数的调用及返回

学习目标

1．理解函数的调用。
2．掌握函数的调用格式。
3．理解函数的返回。

内容提要

一、函数的调用

1．函数调用的格式

函数名（实参列表）

2．函数调用方式

按照函数调用时出现的位置，可以分为以下 3 种调用方式：
（1）函数语句。把函数调用作为一个语句，如：pritnf("s=%d\n",s);
（2）函数表达式。函数出现在表达式中，如：z=min(x,y);

（3）作为函数参数。s=min(min(x,y),z);

3．函数调用过程

程序执行函数调用时，系统要完成一系列的过程：首先为被调函数的所有形式参数分配存储单元，并计算实在参数的值，再一一对应地赋给相应的形式参数（对于无参函数，不做该项工作）；然后进入函数体，为函数说明部分定义的变量分配存储单元，再依次执行函数体中的可执行语句；当执行到"return(表达式)"语句时，计算返回值（若无返回值的函数，不做该项工作），收回本函数中定义的变量所占用的存储单元。返回主调函数继续执行。

注意 对于 static 类型的变量，其存储单元不收回。

4．函数调用声明

（1）C 语言规定，函数必须先定义后调用。若被调函数出现在主调函数后，则需要在主调函数中对被调函数进行声明。

（2）实参可以是变量、常量和表达式。但实参必须有一个确定的值。

（3）形参和实参的个数必须一致，类型必须匹配。如果没有实参，"( )"不能省略。

二、函数的返回

1．函数的值

函数的值是指函数被调用之后，执行函数体中的程序段所取得的并返回给主调函数的值。它是由返回语句——return 来完成的。

2．返回语句——return

（1）返回语句的格式

return（表达式）；   或   return 表达式；

（2）返回值的类型

函数的返回值的类型由定义函数时的函数首部中的函数类型决定，而不是由 return 后的表达式类型决定。

例题解析

【例 7-2-1】 设有函数调用语句 func((a1,a2,a3),(a4,a5))，则函数 func 中有_____参数。

解题分析 本题主要考查函数的调用。在 C 语言中，函数调用的一般形式为：函数名（实参1,实参2,……），其中的实参可以是常量、变量或表达式。本题中内层括号括起的是逗号表达式。因此该函数调用语句中含有 2 个实参：两个逗号表达式，即(a1,a2,a3)和(a4,a5)。

答案 2

【例 7-2-2】 阅读下列程序回答有关问题。（2010 年高考题）

```
(1) /*求两数中较大数程序*/
(2) #include <stdio.h>
(3) int max(int x,int y)
(4) {
(5) int z;
```

```
(6) z=x>y?x:y;
(7) return z;
(8) }
(9) void main()
(10) {
(11) int a,b,c;
(12) scanf("%d, %d",&a,&b);
(13) c=max(a,b);
(14) printf("较大数是:%d\n",c);
(15) }
```

上述程序中，(2)行处的"stdio.h"称为____①____文件，函数 scanf()和 printf()都是 stdio.h 中的____②____函数；(13)行中的"a"和"b"是函数 max()的____③____参数；该程序运行后，若输入数"3，5"并回车，可得到的运行结果是：____④____。

解题分析 本题主要考查函数的基本知识，是一道基础题，"stdio.h"称为头文件，函数 scanf()和 printf()都是头文件"stdio.h"中的库函数；(13)行语句"c=max(a,b);"中的变量"a"和"b"表示实在参数；程序运行后，若输入数"3，5"并回车，可得到的运行结果是"较大数是:5"。

答案 ①头 ②库 ③实在 ④较大数是：5

【例 7-2-3】 写出下列程序的运行结果。

```
#include<stdio.h>
void f(int a,int b)
{int t;
t=a;a=b;b=t;
}
void main()
{ int x=10,y=30,z=20;
  if(x>y)f(x,y);
  else if(y>z)f(y,z);
  else f(x,z);
  printf("%d,%d.%d\n",x,y,z);
}
```

解题分析 本题主要考查函数值的传递。f 函数的作用是交换两个形参的值，main 函数中的所有调用 f 函数的方式均为单向值传递，因此，形参值的改变并不影响实参的值，所以 x、y、z 的值均不发生变化。

答案 10，30，20

巩固练习

一、单项选择题

1. 若已定义的函数有返回值，则以下关于该函数调用的叙述错误的是（　　）。
   A．函数调用可以作为独立的语句存在
   B．函数调用可以作为一个函数的实参
   C．函数调用可以出现在表达式中
   D．函数调用可以作为一个函数的形参

2. 以下说法正确的是（　　）。
   A．用户若需调用标准库函数，调用前必须重新定义

B．用户可以重新定义标准库函数，若如此，该函数将失去原有含义

C．系统根本不允许用户重新定义标准库函数

D．用户若需调用标准库函数，调用前不必使用预编译命令将该函数所在文件包含到用户源文件中，系统自动调用

3．以下叙述正确的是（　　）。

　　A．函数可以嵌套定义但不能嵌套调用

　　B．函数既可以嵌套调用也可以嵌套定义

　　C．函数既不可以嵌套定义也不可以嵌套调用

　　D．函数可以嵌套调用但不可以嵌套定义

4．以下正确的函数头定义形式是（　　）。

　　A．double fun(int x,int y)　　　　B．double fun(int x;int y)

　　C．double fun(int x,int y);　　　　D．double fun(int x,y);

5．下面函数调用语句含有实参的个数为（　　）。

　　func((exp1,exp2),(exp3,exp4,exp5));

　　A．1　　　　B．2　　　　C．4　　　　D．5

6．下列程序运行后的输出结果是（　　）。

```
#include<stdio.h>
float fun(int x,int y)
{ return(x+y);}
void main()
{ int a=2,b=5,c=8;
printf("%3.0f\n",fun((int)fun(a+c,b),a-c));
}
```

　　A．编译出错　　　　B．9　　　　C．21　　　　D．9.0

二、程序阅读题

7.
```
#include<stdio.h>
max(float x,float y)
{ float z=x;
if(z<y)   z=y;
return (z);
}
void main()
{ float a=5.6,b=7.8;
int c;
c=max(a,b);
printf("%d\n",c);
}
```

该程序运行后的结果为＿＿＿＿＿＿

8.
```
#include<stdio.h>
int add(int x,int y)
{ int m;
m=x+y;
return(m);}
void main()
{ int n,k=4,m=1;
n=add(k,m);
printf("%d\n",n);
```

}

该程序运行后的结果为_____

9.
```
#include<stdio.h>
int f(int a,int b)
{ int c;
c=a;
if(a>b)c=1;else c=-1;
return(c);
}
void main()
{ int i=2,p;
p=f(i,i+1);
printf("p=%d\n",p);
}
```

该程序运行后的结果为_____

10.
```
#include<stdio.h>
double f(int n)
{ int i;
double s=1.0;
for(i=1;i<=n;i++)
s+=1.0/i;
return(s);
}
void main()
{ int i,m=3;
float a=0.0;
for(i=0;i<m;i++)
a+=f(i);
printf("%.1f\n",a);
}
```

该程序运行后的结果为_____

11.
```
#include<stdio.h>
int fun(int x,int y)
{ int z;
z=x+y;
return z;
}
void main()
{ int a=4,b;
b=fun(a,a+=3);
printf("b=%d\n",b);
}
```

该程序运行后的结果为_____

12.
```
#include<stdio.h>        //2010 年高考卷
func(int n)
{
int i,j=1;
for(i=1;i<=n;i++)
j=j*i;
return(j);
}
void main()
```

```
{ int i=1,s=0;
  while(i<=5)
  { s+=func(i);
    printf("%d,%d\n",func(i),s);
    i+=2;
  }
}
```
该程序运行后的结果为_____

三、程序填空题

13. 下列程序的功能是：从键盘输入两个整数，输出大数。请完善程序。
```
#include<stdio.h>
max(int x,int y)
{ int z;
  _____ ;
  return (z);
}
void main()
{ int a,b,c;
  c=max(a,b);
  printf("Max is %d\n",c);
}
```

14. 以下函数的功能是：判断整数 a 是否为素数，当 a 为素数时返回值为1，否则返回值为0。请完善程序。
```
#include<stdio.h>
int fact(_____)
{int i,k;
 k=a-1;
 for(i=2;i<=k;i++)
 if(a%i==0)break;
 if(i>=k+1)
 return 1;
 else return 0;
}
```

15. 以下程序的功能是：通过函数 fun 输入字符并统计输入字符的个数。输入时用字符#作为输入结束标志。请完善程序。
```
#include<stdio.h>
int fun()
{ int n=0;
  char c;
  printf("请输入字符串：");
  c=getchar();
  while(____①____)
  { n++;
    c=getchar();
  }
  ____②____ ;
}
void main()
{ int b;
  b=fun();
  printf("字符的个数为：%d\n",b);
}
```

16. 以下程序的功能是：找出能被3整除且至少有一位是7的两位数，打印出所有这样的数及其个数。请完善程序。
```
#include<stdio.h>
```

```
int fun(int k,int n)
{ int a1,a2;
a2=k%10;
a1=k-a2;
if((____①____)||(____②____))
{ printf("%3d",k);
n++;
return n;
}
else return -1;
}
void main()
{ int n=0,k,m;
for(k=10;k<=99;k++)
{m=fun(k,n);
if(m!=-1)n=m;
}
printf("\nn=%d\n",n);
}
```

四、编程题

17. 编程求 $s=1+(1+2)+(1+2+3)+(1+2+3+4)+……+(1+2+3+……+n)$ 的值。n 由键盘输入，各项的值由函数求解。

18. 编程打印如下图形，要求每行的输出采用函数编写。
```
    *
   ***
  *****
 *******
*********
```

7.3 函数的参数传递

学习目标

1. 掌握主调函数与被调函数之间的数据传递方式。
2. 理解形式参数与实在参数。
3. 掌握值传递与地址传递的异同。
4. 掌握数组元素及数组名作为参数传递的异同。

内容提要

一、主调函数与被调函数间数据传递方式

在 C 语言中，主调函数与被调函数之间数据的传递有三种方式。

（1）主调函数 ⟶ 被调函数。通过实在参数传递给形式参数。

（2）被调函数 ⟶ 主调函数。通过 return 语句把函数值返回到主调函数。

（3）主调函数 ⟷ 被调函数。通过全局变量或以数组名作为参数传递，后面详细介绍。

二、主调函数与被调函数间参数传递

1．形式参数与实在参数

要理解**形式参数**与**实在参数**这两个概念，我们可以做个形象的比喻：如果把函数看作是一个车间，该车间加工产品。在定义函数时，只是形式化地说明函数加工的对象，把这种参数称为"形式参数"。当程序要调用该函数完成指定的功能，就需要给它实际的材料，以便加工出"产品"。函数调用时传入的参数称为"实在参数"。

2．值传递与地址传递

（1）**值传递**：当实在参数为常量、变量（含数组元素）或表达式时，函数间的参数传递是"值传递"，即实在参数单向传递给形式参数。

（2）**地址传递**：当实在参数为地址时（如：数组名），函数间的参数传递是"地址传递"，即实在参数与形式参数间的传递是双向、相互的。

注意 主调函数在调用函数时，需要把相应的实在参数传给对应的形式参数，实在参数的个数和类型要与形式参数的个数和类型一致，而且顺序要求一致。

三、数组元素和数组名作为函数参数

数组作为函数参数，有两种情况，即数组元素作函数的参数和数组名作为函数的参数。

1．数组元素作为函数参数——值传递

数组元素作为函数参数，进行值传递，函数间的参数传递情况同前面。

2．数组名作为函数参数——地址传递

数组名作为函数参数，进行地址传递。它与值传递有许多不同。

（1）用数组名作函数，应该在主调函数与被调函数中分别定义数组。

（2）实参数组与形参数组类型应一致。

（3）实参数组与形参数组大小可以一致，也可以不一致；只是将实参数组的首地址传给形参数组。

（4）形参数组也可以不指定大小，在定义数组时在数组名后面跟一个空的[]。为了在被调用后函数处理数组元素的需要，可以另设一个参数，传递数组元素的个数。

（5）用数组名作函数实参时，是把实参数组的起始地址传递给形参数组，这样两个数组就共占同一段存储空间。

例题解析

【例 7-3-1】 写出下列程序的运行结果。
```
#include<stdio.h>
void swap1(int x,int y)
{int t;
t=x;x=y;y=t;
}
void swap2(int z[])
{int t;
t=z[0];z[0]=z[1];z[1]=t;
}
void main()
{int a[2]={1,2};
int b[2]={1,2};
swap1(a[0],a[1]);
swap2(b);
printf("%d,%d,%d,%d\n",a[0],a[1],b[0],b[1]);
}
```

解题分析 本题主要考查数组元素和数组名作为参数进行传递。swap1 函数的作用交换两个变量 x、y 的值，swap2 函数的作用是交换数组两个元素 z[0]、z[1]的值。

main 函数中，调用 swap1 函数时，实参为数组元素，此时的参数传递为值传递，因此，swap1 交换的结果将不影响 a 数组元素的值，因此，a[0]、[1]的值仍然为 1、2。而调用 swap2 函数时，实参为数组名，此时的参数传递为地址传递，因此，swap2 交换的结果将影响到 b 数组元素的值，因此，b 数组中的两个元素变为 b[0]、b[1]的值为 2、1。

答案 1,2,2,1

【例 7-3-2】 写出下列程序的运行结果。
```
#include<stdio.h>
void reverse(int a[],int n)
{int i,t;
for(i=0;i<n/2;i++)
{t=a[i];a[i]=a[n-1-i];a[n-1-i]=t;}
}
void main()
{int b[10]={1,2,3,4,5,6,7,8,9,10},i,s=0;
reverse(b,8);
for(i=6;i<10;i++)s+=b[i];
printf("%d\n",s);
}
```

解题分析 本题主要考查函数中数据传递的知识。由于实参 b 的值与形参 a 的值相等，a 数组和 b 数组在内存中占据的是相同的内存单元。reserve 函数的作用是将 b 的 b[0]~b[7]8 个元素逆序排列，该函数执行后，b 数组中的值为{8,7,6,5,4,3,2,1,9,10}。

main 函数中 for 语句的作用是求 b[6]+b[7]+b[8]+b[9]表达式的值，结果为 22。

答案 22

【例 7-3-3】 写出下列程序的运行结果。
```
#include<stdio.h>
#include<string.h>
void move(char str[],int n)
{char temp;
int i;
```

```
temp=str[n-1];
for(i=n-1;i>0;i--)
str[i]=str[i-1];
str[0]=temp;
}
void main()
{char s[50]="12345";
int n=3,i,z;
z=strlen(s);
for(i=1;i<=n;i++)move(s,z);
printf("%s\n",s);
}
```

解题分析 本题主要考查字符数组名作为实参进行调用。move 函数的作用是将 str 的字符串中的 n 个字符重新排列，排列的结果是将各字符右移一个位置，第 n-1 个字符移到第 0 个位置。

main 函数调用 move 函数三次，第一次调用形参 str 指向的字符串为"12345"，执行后的结果为"51234"；第二次调用形参 str 指向的字符串为"51234"，执行后的结果为"45123"，第三次调用形参 str 指向的字符串为"45123"，执行后的结果为"34512"。

答案 34512

【例 7-3-4】 下列程序先对数组中的数按升序排序，然后再查找 1 个数，如查找到则显示"查找成功！"，否则打印"查找失败！"。请完善程序。（2013 年高考题）

```
#include<stdio.h>
#define N 10
int search(int a[],____①____ n,int x)
{int i;
for(i=0;i<n;i++)
if(a[i]==x)
return i;
return -1;
}
void main()
{int a[N]={28,5,37,64,31,34,54,42,67,78};
int i,j,x,pos,temp;
for(i=0;i<N-1;i++)
for(j=i+1;j<N;j++)
if(____②____)
{temp=a[i];a[i]=a[j];a[j]=temp;}
for(i=0;i<N;i++)
printf("%d\t",a[i]);
printf("\n");
printf("输入要查找的数：");
scanf("%d",&x);
pos=____③____(a,N,x);
if(pos>=0)
printf("查找成功！\n");
    ④
printf("查找失败！\n");
}
```

解题分析 本题是一道综合题，涉及的知识点较多：排序算法和顺序查找算法，另外还采用函数的方式进行编程。在主函数中首先进行排序，接着调用查找函数进行查找，最后根据查找函数返回值的情况，判断是否查找成功。①、③两处是关于函数调用，根据函数数据传递时，类型一致或匹配，①处填写：int，③处填写 search。②处是关于排序，容易写出 a[i]>a[j]，④处是一个对称性分支结构，填写 else。

答案 ①int　　②a[i]>a[j]　　③search　　④else

巩固练习

一、单项选择题

1. 下列叙述中正确的是（　　）。
    A．形参必须是变量或数组
    B．函数中必须有 return 语句
    C．其他函数中定义的变量不得与 main 函数中的变量同名
    D．return 语句中必须要指定一个确定的返回值或表达式

2. 在调用函数时，如果实参是简单的变量，它与对应形参之间的数据传递方式是（　　）。
    A．地址传递　　　　　　　　　　B．单向值传递
    C．由实参传形参，再由形参传实参　D．传递方式由用户指定

3. 以下叙述正确的是（　　）。
    A．函数中必须有 return 语句
    B．return 后边的值不能为表达式
    C．如果函数的类型与返回值类型不一致，以函数类型为准
    D．如果形参与实参类型不一致，以实参类型为准

4. 以下程序的输出结果是（　　）。
```
#include <stdio.h>
void del(char s[],char c)
{ int i,j;
for(i=j=0;s[i]!='\0';i++)
if(s[i]!=c)
s[j++]=s[i];
s[j]='\0';
}
void main()
{ char s[]="ABCDA";
del(s,'A');
printf("%s",s);
}
```
    A．BCD　　　　B．ABCDA　　　　C．A　　　　D．AA

二、程序阅读题

5.
```
#include "stdio.h"
void fun(int x)
{ printf("x=%d\n",++x);
}
void main()
{ fun(10+4);
}
```
该程序运行后的结果为＿＿＿＿＿＿

6.
```
#include "stdio.h"
```

```
double fun(int a,int b,int c);
void main()
{ int a=4,b=6,c=7;
double d;
d=fun(a,b,c);
printf("%.1lf\n",d);
}
double fun(int a,int b,int c)
{ double s;
s=a%b*c;
return s;
}
```

该程序运行后的结果为_____

7.
```
#include "stdio.h"
int aa(int x,int y);
void main()
{ int a=24,b=16,c;
c=aa(a,b);
printf("%d\n",c);
}
int aa(int x,int y)
{ int w;
while(y)
{ w=x%y;
x=y;
y=w;
}
return x;
}
```

该程序运行后的结果为_____

8.
```
#include "stdio.h"
int f(int a,int b)
{ int c;
if(a>0&&a<10) c=(a+b)/2;
else c=a*b/2;
return c;
}
void main()
{ int a=8,b=20,c;
c=f(a,b);
printf("%d\n",c);
}
```

该程序运行后的结果为_____

9.
```
#include<stdio.h>
void sort(int a[],int n)
{ int i,j,t;
for(i=0;i<n-1;i++)
for(j=i+1;j<n;j++)
if(a[i]>a[j]){ t=a[i];a[i]=a[j];a[j]=t;}
}
void main()
{ int aa[10]={10,2,6,8,4,5,7,3,9,1},i;
sort(&aa[3],5);
for(i=0;i<10;i++)
```

```
    printf("%d,",aa[i]);
    printf("\n");
}
```

该程序运行后的结果为_____

10.
```
#include <stdio.h>
#include <string.h>
void fun(char a[],int k)
{
int i,len;
len=strlen(a);
for(i=0;i<k;i++)
a[i]=a[i+1];
for(i=len-1;i>k;i--)
a[i]=a[i-1];
}
void main()
{char a[20]="1234567890";
fun(a,4);
puts(a);
}
```

该程序运行后的结果为_____

11.
```
#include <stdio.h>
max(int x,int y,int z)
{if(x>y && x>z) return(x);
else if(y>x && y>z) return(y);
else return(z);
}
void main()
{int x1=12,x2=13,x3=25,i=1,j,x0;
x0=max(x1,x2,x3);
while(1)
{j=x0*i;
if(j%x1==0 && j%x2==0 && j%3==0) break;
i=i+1;
}
printf("%d\n",j);
}
```

该程序运行后的结果为_____

12.
```
#include<stdio.h>
#include<string.h>
fun(char p[][10])
{int n=0,i;
 for(i=0;i<7;i++)
 if(p[i][0]=='T')n++;
 return n;
}
void main()
{char str[][10]={"Mon","Tue","Wed","Thu","Fri","Sat","Sun"};
 printf("%d\n",fun(str));
}
```

该程序运行后的结果为_____

三、程序填空题

13．以下函数的功能是：返回数组 a 中最大值所在的下标值。请完善程序。
```
fun(int a[],int n)
{ int i,j=0,p;
p=j;
for(i=j;i<n;i++)
if(a[i]>a[p]) _____;
return(p);
}
```

14．若已定义：int a[10], i;，以下 fun 函数的功能是：在第一个循环中给前 10 个数组元素依次赋 1,2,3,4,5,6,7,8,9,10；在第二个循环中使 a 数组前 10 个元素中的值对称折叠，变成 1,2,3,4,5,5,4,3,2,1。请完善程序。
```
fun( int a[])
{ int i;
for(i=1; i<=10; i++)  ① =i;
for(i=0; i<5; i++)  ② =a[i];
}
```

15．以下程序的功能是：调用函数 fun 计算：*m*=1-2+3-4+⋯+9-10，并输出结果。请完善程序。
```
#include <stdio.h>
int fun( int n)
{ int m=0,f=1,i;
for(i=1; i<=n; i++)
{ m+=i*f;
f= ① ;
}
return m;
}
main()
{ printf("m=%d\n", ② );
}
```

16．以下函数的功能是：求 *x* 的 *y* 次方。请完善程序。
```
double fun( double x, int y)
{ int i;
double z;
for(i=1, z=x; i<y;i++)   z=z*_____;
return z;
}
```

17．以下函数的功能是：查找 *m*×*n* 矩阵中的最大值，并将对应元素的行下标和列下标之和返回主调函数。请完善程序。
```
int fun(int a[m][n])
{
int i,j,x=0,y=0;
for(i=0;i<m;i++)
for(j=0;j<n;j++)
if ( _____ ) {x=i;y=j;}
return x+y;
}
```

18．以下程序是打印九九乘法口诀表。请完善程序。
```
#include<stdio.h>
void fun(_____①_____)
{int i;
for(i=1;i<=n;i++) printf("%d*%d=%-3d",n,i,_____②_____);
```

```
    printf("\n");
}
void main()
{int n;
for(n=1;n<=9;n++)
fun(n);
}
```

19. 下列程序的功能是：输出数列 0，0，1，1，2，4，7，13，24，44…的前 20 项（从第 4 项起每一项的值均为前 3 项之和）。请完善程序。

```
#include<stdio.h>
void sub(int a,int b,int c)
{int n,d;
for(n=4;n<=20;n++)
{d=___①___;
printf("%d",d);
a=b;b=c;c=d;}
}
void main()
{int a=0,___②___,c=1;
printf("%d %d %d",a,b,c);
sub(a,b,c);
}
```

20. 下列程序的功能是：在数组 b 中依次存放 a 数组中偶数所在的下标值，并利用数组 b 的各元素输出 a 数组中的所有偶数。请完善程序。

```
#include<stdio.h>
int fun(int a[],int b[])
{int i,j=0;
for(i=0;i<10;i++)
if(a[i]%2==0) {___①___;j++;}
___②___;
}
void main()
{int a[10]={1,4,3,2,6,5,10,7,8,9},b[10],i,k;
k=fun(a,b);
for(i=0;i<k;i++) printf("%3d",___③___);
}
```

21. 下列程序的功能是：计算二维数组中最大值所在行的平均值。请完善程序。

```
#include<stdio.h>
float fun(float a[4][5])
{int i,j,m=0,n=0;float sum=0;
for(i=0;i<4;i++)
for(j=0;j<5;j++)
if(___①___) {m=i;n=j;}
for(j=0;j<5;j++)sum=sum+___②___;
return ___③___;
}
void main()
{float a[4][5]={2,3,6,4,1,25,54,23,68,26,7,9,15,20,35,67,18,30,17,38};
int i,j;
float ave;
for(i=0;i<4;i++)
{for(j=0;j<5;j++)
printf("%5.0f",a[i][j]);
printf("\n");
}
ave=fun(a);
printf("%.2f\n",ave);
```

22. 下列程序的功能是：根据用户输入的利润率 rate 及成本价 cost 计算出利润 profit 及销售价 sprice。请完善程序。提示：利润=成本价×利润率；销售价=成本价×（1+利润率）

```
#include<stdio.h>
void WResult(_____①_____)
{printf("Profit=%6.2f,",prof);
printf("Sprice=%6.2f",price);}
float FProfit(float rate,float cost)
{return(_____②_____);}
_____③_____ FSPrice(float rate,float cost)
{return(cost*(1+rate));}
void main()
{float rate,cost,profit,sprice;
scanf("%f%f",&rate,&cost);
profit=FProfit(rate,cost);
sprice=FSPrice(rate,cost);
WResult(profit,sprice);
}
```

23. 以下程序的功能是：将输入的实数进行四舍五入计算，若计算后的值与用户输入的整数相等，则显示"Well Done!"，否则显示计算后的结果。请完善程序。

```
#include<stdio.h>
void check(int ponse,float value)
{int val;
val=_____①_____;
if(ponse==val)printf("Well Done!");
else printf("the correct answer is %d\n",val);
}
void main()
{int ponse;
float value;
printf(" :");
scanf("%f",&value);
printf(" ");
scanf("%d",&ponse);
check(_____②_____);
}
```

24. 下列程序的功能是：计算函数 $F(x,y,z)=(x+y)/(x-y)+(z+y)/(z-y)$ 的值。请完善程序。

```
#include<stdio.h>
float fun(float a,float b);
void main()
{float x,y,z,sum;
printf("Input x,y,z:");
scanf("%f%f%f",&x,&y,&z);
sum=_____①_____;
printf("sum=%f\n",sum);
}
float fun(float a,float b)
{float value;
value=_____②_____;
return (value);
}
```

7.4 变量的作用域及存储类别

学习目标

1. 掌握变量的作用域。
2. 掌握局部变量与全局变量的区别。
3. 掌握变量的存储类别。

内容提要

一、变量的作用域

变量只能在它的作用范围内使用。变量的作用域又称为作用范围,指的是一个变量在何处可以使用。变量的作用域与定义变量的位置有关。根据变量的作用域可将变量分为局部变量和全局变量。

1. 局部变量

局部变量也称为内部变量,它是在函数内部定义的,并只在本函数内部有效。下面几种情况下的变量都是局部变量。

①函数内部定义的变量。
②复合语句定义的变量(只在复合语句内有效)。
③形参中的变量。

对于局部变量,请注意以下几点:

(1)不同函数中,可以使用相同名字的变量,但它们代表不同的对象,互不干扰。
(2)main 中的变量也是局部变量,只在主函数中有效。
(3)局部变量未赋初值时,其值为不定值。

2. 全局变量

在函数之外定义的变量称外部变量,外部变量是**全局变量**。它的有效范围为从定义变量的位置开始到本源程序结束。

(1)全局变量是在函数外部定义的变量,它不属于哪一个函数,而是属于一个源程序。函数在定义局部变量时,应避免使用已有的全局变量的名称作为变量名称。
(2)允许局部变量和全局变量同名。此时,在局部变量作用范围内,全局变量将被"屏蔽"。但应尽量避免。
(3)若用关键字 extern 说明,还可以在一个文件或多个文件中扩展全局变量的范围。
(4)若全局变量未赋初值时,数值型其值为 0,字符型其值为 '\0'。

二、变量的存储类别

变量的存储类别有四种:自动变量(默认)、静态变量、寄存器变量和外部变量。

1. 自动变量（auto）

在函数内部或复合语句内定义时，如果没有指定存储类别或使用了 auto 说明符，系统就认为所定义的变量具有自动类别，即该变量为**自动变量**。例如：

int x;等价于 auto int x;

注意 在 C 语言中，对一个变量的完整定义应包括数据类型和存储类别，分别用两个关键字说明，且它们无先后次序。例如：

<u>auto</u>　　<u>int</u>　　x;
　↑　　　↑
存储类别　数据类型

2. 静态变量（static）

静态变量的类型说明符为 static。静态变量的值在函数调用结束后不消失而保留原值，即它占用的存储单元不释放，在下一次调用该函数时，此变量已有值。静态变量分为静态全局变量和静态局部变量。

对于静态变量，有以下几点说明：

（1）如果一个静态局部变量未赋初值，则系统在编译时将数值型变量自动赋初值为 0，字符型为'\0'。

（2）对于一个静态局部变量而言，只能在本函数中有效，其他函数不能引用该静态局部变量。

（3）定义全局变量和定义一个函数时，如果把它们定义成 static 型，此时该全局变量或函数，就只限于本文件使用，不能被其他文件所引用。因此，为了使某些外部变量只限于被本文件引用，通常将其定义成静态全局变量。

3. 寄存器变量（register）

寄存器变量也是自动类变量。寄存器型变量是分配在 CPU 的通用寄存器中的，而不是像一般变量那样，占用内存单元。因寄存器运行速度快，数量有限，所以通常把寄存器变量的说明和使用放在复合语句中来实现。

4. 外部变量（extern）

当一个源程序由若干个源文件组成时，在一个源文件中定义的 extern 全局变量在其他的源文件中也有效（不加 extern 说明的全局变量，默认为**外部变量**）。只需在其他文件中用 extern 加以声明，即可使用。

例题解析

【例 7-4-1】 阅读下列程序回答有关问题。（2012 年高考题）

```
(1) #include<stdio.h>
(2) #define NUM 5
(3) void sub(int a)
(4) { static int b=0;
(5)     a--;
(6)     b++;
(7)     printf("%d,a=%d\n",b,a);
(8) }
```

```
(9) void main()
(10) {int i=1;
(11) do
(12) { sub(NUM-i);
(13) i++;
(14) }while(i<=3);
(15) }
```

上述程序中，变量 b 是___①___存储类型变量，这种类型变量在程序开始运行而非函数调用时就给分配内存；函数 sub 第 1 次被调用时的实参值是___②___，调用程序结束后，将继续执行第___③___行的语句；程序运行中，当 b=3 时，a=___④___。

解题分析 本题是一道关于变量存储类别的程序阅读题，主要考查变量的作用域及存储类别。对于静态局部变量，只赋初值一次，以后每次调用函数时不重新赋初值，而保留上次函数调用结束时的值。在第 3 次调用函数时，实参(NUM-i)的值为 2，则形参 a 的值也为 2，执行 a--后，变量 a 的值为 1。函数中变量 b 为静态局部变量，sub 函数被调用 3 次，因此 b 的值为 3。

答案 ①静态局部　　　　②4　　　　③13　　　　④1

拓展与变换 变量的存储类别有哪些？C 语言如何完整定义一个变量？

【例 7-4-2】 写出下列程序的运行结果。

```c
#include<stdio.h>
int a1=10;
fun(int b)
{static int a2=15;              //A行
a2+=b++;
printf("%3d",a2);
}
void main()
{
int c=20;
fun(c);
a1+=c++;
printf("%3d\n",a1);
}
```

解题分析 本题主要考查变量的作用域和存储类别。程序运行时，main 函数调用 fun 函数，形参 b 的值为 20，a2 的初值为 15，式 a2+=b++;语句执行后，a2 的值为 35,输出 35。

main 函数中的 a1+=c++;语句执行后，a1 的值为 30，输出 30。

答案 35 30

拓展与变换 如果 A 行语句变为"int a2=15;"，结果如何？

【例 7-4-3】 写出下列程序的运行结果。

```c
#include<stdio.h>
int d=1;
fun(int p)
{int d=5;
d+=p++;
printf("%d",d);
}
void main()
{
int a=3;
fun(a);
d+=a++;
```

```
printf("%d\n",d);
}
```

解题分析 本题主要考查变量的作用域。如果在同一程序中，外部变量与局部变量同名，则在局部变量作用的范围内，外部变量被"屏蔽"，即不起作用。

fun 函数执行过程中，p 的值为 3，d 的终值为 8，输出 8；main 函数中 d 为 d=1+3，即 d 的终值为 4，输出 4。所以最后结果为 84。

答案 84

【例 7-4-4】 写出下列程序的运行结果。
```
#include<stdio.h>
int fun(int x,int y)
{static int m=0,i=2;              //A 行
i+=m+1;
m=i+x+y;
return m;
}
void main()
{
int j=4,m=1,k;
k=fun(j,m);
printf("%d, ",k);
k=fun(j,m);
printf("%d\n",k);
}
```

解题分析 本题主要考查变量的存储类别。程序执行时，main 函数两次调用 fun 函数，由于 fun 函数中的变量 m、i 为静态变量，因此两次调用的返回值不同。

第 1 次调用 fun 函数时，m 为 0，i 为 2，调用结束后，i 为 3，m 为 8，函数输出 8。

第 2 次调用 fun 函数时，m 为 8，i 为 3，调用结束后，i 为 13，m 为 17，函数输出 17。

答案 8,17

拓展与变换 如果 A 行语句变为"int m=0,i=2;"，结果如何？

巩固练习

一、单项选择题

1. 下列说法中错误的是（   ）

　　A．静态局部变量的初值是在编译时赋予的，在程序执行期间不再赋予初值

　　B．若全局变量和某一函数中的局部变量同名，则在该函数中，此全局变量被屏蔽

　　C．静态全局变量可以被其他的编译单位所引用

　　D．所有自动类局部变量的存储单元都是在进入这些局部变量所在的函数体（或复合语句）时生成的，退出其所在的函数体（或复合语句）时消失

2. 以下叙述中正确的是（   ）

　　A．形参和实参均属于局部变量　　　　　B．形参和实参必须是变量

　　C．形参的默认类型是 register　　　　　D．形参的默认类型为 auto

3. 以下程序的输出结果是（   ）
```
#include<stdio.h>
int ff(int n)
{ static int f=1;
```

```
f=f*n;
return f;
}
void main()
{ int i;
for(i=1;i<=3;i++)
printf("%d,",ff(i));
}
```
  A. 1,2,3,   B. 2,2,2,   C. 1,2,12,   D. 1,2,6,

4. 以下程序的输出结果是（ ）
```
#include<stdio.h>
int x=3,y=5;
void main()
{ int i;
int x=4,y=12;
printf("%d,%d\n",x,y);
}
```
  A. 13,5   B. 4,5   C. 4,12   D. 3,12

5. 以下程序的输出结果是（ ）
```
#include<stdio.h>
int fun(int x)
{
static int m=1;
m*=x;
return m;
}
void main()
{int k,s=0;
for(k=1;k<5;k++)
s+=fun(k);
printf("%d",s);
}
```
  A. 34   B. 33   C. 32   D. 31

二、程序阅读题

写出下列程序的运行结果

6.
```
#include<stdio.h>
int fun(int x,int y)
{static int m=0,j=2;
j+=m+1;
m=j+x+y;
return(m);
}
void main()
{int k=5,m=2,n;
n=fun(k,m);
printf("%d,",n);
n=fun(k,m);
printf("%d",n);
}
```
该程序运行后的结果为_____

7.
```
#include<stdio.h>
void incr()
{
int i=0;
```

```
static int s=0;
++s;++i;
printf("%d,%d\n",s,i);
}
void main()
{incr();
incr();
incr();
}
```

该程序运行后的结果为_____

8.
```
#include<stdio.h>
int f()
{static int i=0;
int s=1;
s+=i;i++;
return s;
}
void main()
{int i,a=0;
for(i=0;i<5;i++)
a+=f();
printf("%d\n",a);
}
```

该程序运行后的结果为_____

9.
```
#include<stdio.h>
int fun()
{ static int x=10;
x=x+20;
return x;
}
void main()
{int a,b;
a=fun();
b=fun();
printf("%d %d\n",a,b);
}
```

该程序运行后的结果为_____

10.
```
#include"stdio.h"
int x=0;
void func( )
{int x;
 x=30;
printf("%3d",x);
}
void main( )
{ printf("%3d",x);
 func( );
printf("%3d",x);
}
```

该程序运行后的结果为_____

11.
```
#include<stdio.h>
int fun()
```

```
{
auto int x=1;
static y=1;
x=x+2;y=y+2;
return x+y;
}
void main()
{int a,b;
a=fun();
b=fun();
printf("%d,%d\n",a,b);
}
```
该程序运行后的结果为＿＿＿＿＿＿

12.
```
#include "stdio.h"
void main()
{ char fun(char a,int b);
char a='A';
int b=13;
a=fun(a,b);
putchar(a);
}
char fun(char a,int b)
{ char k;
k=a+b;
return k;
}
```
该程序运行后的结果为＿＿＿＿＿＿

13.
```
#include<stdio.h>
void func();
int c=1;
void main(){
int a=0,b=-10;
printf("a=%d,b= %d,c=%d\n",a,b,c);
func();
printf("a=%d,b= %d,c=%d\n",a,b,c);
func();
}
void func(){
int static a=2;
int b=5;
a+=2,b+=5;
c+=12;
printf("a=%d,b= %d,c=%d\n",a,b,c);
}
```
该程序运行后的结果为＿＿＿＿＿＿

三、程序填空题

14. 阅读下面程序，回答问题。（2012 年高考题）
    (1) `#include<stdio.h>`
    (2) `#define NUM 5`
    (3) `void sub(char a)`
    (4) `{static char b='a';`
    (5) `char c;`
    (6) `c=a;`

```
(7)    a=b;
(8)    b=c;
(9)    printf("a=%c ,b=%c\n",a,b);
(10)   }
(11)   void main()
(12)   {int i;
(13)   for(i=1;i<=3;i++)
(14)     if(i%2)
(15)       sub('b');
(16)     else
(17)       sub('a');
(18)   }
```

上述程序中，变量 b 的存储类型是___①___变量类型，这种类型变量在程序开始运行而非函数调用时就给分配内存；第 1 次调用函数 sub 时的实参值是___②___，调用程序结束后，将继续执行第___③___行的语句；程序运行中，当输出 "b=a" 时，a 的值为___④___。

15. 指出下列各变量的作用范围。（在程序中标注）

```
#include<stdio.h>
int a, b;
double fun1( double p1)
{   int p2, p3;
……}
char fun2( char p4)
{   char p5, p6;
……}
void main()
{   float x, y;
……
}
```

四、编程题

16. 编写程序，其功能是调用函数 fact(int n) 求 n 的阶乘，然后计算 sum=1!+2!+3!+4!+……+n! 的值。

17. 编写程序，其功能是调用函数 fun，函数的功能是：根据以下公式计算 sum，计算结果作为函数值返回；n 通过形参传递。

sum=1+1/(1+2)+1/(1+2+3)+……+1/(1+2+3+……+n)

例如，若 n 的值为 11，函数的值为 1.833。

7.5 函数的嵌套及递归调用

学习目标

1. 理解函数的嵌套调用。
2. 掌握函数的递归调用。

内容提要

一、函数的嵌套调用

函数不能嵌套定义，但可以**嵌套调用**。函数的嵌套调用过程如图 7-5-1 所示。

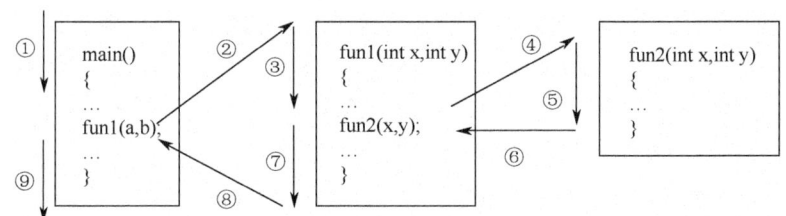

图 7-5-1 函数的嵌套调用过程示意图

其执行过程是：

（1）从主 main()函数左大括号开始执行，如①；
（2）执行时，遇到调用 fun1 函数语句，转到 fun1 函数，如②；
（3）从 fun1 函数左大括号开始执行，如③；
（4）执行时，遇到调用 fun2 函数语句，转到 fun2 函数，如④；
（5）从 fun2 函数左大括号开始执行，如⑤；
（6）遇到 fun2 函数右大括号返回调用它的 fun1 函数，如⑥；
（7）继续执行 fun1 函数，如⑦；
（8）遇到 fun1 函数右大括号返回调用它的 main 函数，如⑧；
（9）继续执行 main 函数，直到结束，如⑨。

注意 main 函数只能调用其他函数，其他函数不能调用 main 函数，而其他函数可以相互调用，并可以调用多次。

二、函数的递归调用

C 语言允许函数的**递归调用**。即在调用一个函数的过程中，出现直接或间接地调用该函数本身。函数的递归调用分为两种：**直接递归**和**间接递归**。

1．直接递归

如图 7-5-2(a)所示，f 函数在执行过程中，又调用了它本身（f 函数），称为**直接递归**。

2. 间接递归

如图 7-5-2(b)所示，f 函数在执行过程中，调用了 g 函数，转去执行 g 函数，在执行 g 函数过程中又调用了 f 函数，称为**间接递归**。

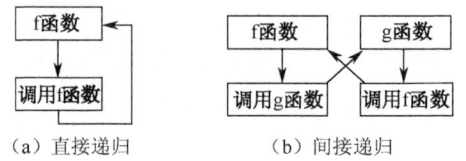

（a）直接递归　　　　（b）间接递归

图 7-5-2　函数的递归调用过程示意图

3. 解决递归调用的 2 个关键点

（1）找出递归关系。如求 $n!$ 的递归关系：$n!=n*(n-1)!$（当 $n>1$ 时）

（2）必须有一个明确的结束递归的条件。如求 $n!$ 的递归结束条件：$n!=1$（当 $n=1$ 时）

4. 递归调用的过程

当函数自己调用自己时，系统将自动把函数中当前的变量和形式参数变量暂时保留起来。在新一轮的调用过程中，系统将为该次调用的函数所用到的变量和形参开辟另外的存储单元。因此，递归调用的层次越多，同名单元所占的存储单元也越多。当本次调用的函数运行结束时，系统将释放本次调用时所占用的存储单元，程序的流程返回上一个调用点，同时取用当初进入该层时，函数中变量和形参所占用的存储单元中的数据。

注意 要正确使用存储单元的数据，这个地方很容易用错数据。

例题解析

【例 7-5-1】 写出下列程序的运行结果。

```
#include<stdio.h>
int jc(int n)
{int i,result=1;
for(i=1;i<=n;i++)
result*=i;
return result;
}
int sum(int n)
{int i;
int result=0;
for(i=1;i<=n;i++)
result+=jc(i);
return result;
}
void main()
{int count,result;
count=5;
result=sum(count);
printf("结果为：%d\n",result);
}
```

解题分析 本题主要考查函数的嵌套相关知识。函数 sum 的功能是将一组数据累加，函数 jc 的功能是求一个数的阶乘（如 $n!$）。实际该题最终计算 1!+2!+3!+4!+5! 的值，即 1+2+6+24+120=153。其执行过程如图 7-5-3 所示。

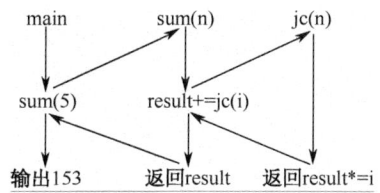

图 7-5-3　程序的执行过程

答案 结果为：153

拓展与变换 1. 如果函数 jc 采用递归调用的方式。程序如何修改？
　　　　　　2. 如果函数中的变量 result 设置为静态局部变量，程序如何修改？

【例 7-5-2】 写出下列程序的运行结果。

```
#include<stdio.h>
fun2(int a,int b)
{int c;
c=a*b%5;
return c;
}
fun1(int a,int b)
{int c;
a+=a;
b+=b;
c=fun2(a,b);
return c*c;
}
main()
{int x=21,y=12;
printf("fun1(x,y)=%d, ",fun1(x,y));
printf("x=%d,y=%d",x,y);
}
```

解题分析 本题主要考查函数的嵌套。主函数调用函数 fun1，函数 fun1 又调用函数 fun2。主函数调用函数 fun1 时，将 x,y 的值 21 和 12 分别传递给函数 fun1 中的形参 a,b，即 "a=21,b=12"，执行 "a+=a；b+=b；" 相当于 a,b 分别乘以 2，即 a=42，b=24。

函数 fun1 调用函数 fun2 时，将 fun1 中 a,b 的值 42 和 24 分别传递给函数 fun2 中的形参 a、b。（注意：它们虽然同名，但不是同一个变量，作用域也不同）。执行 "c=a*b%5；" 后 c=3。

在 fun2 中，执行 "return c；" 后，返回函数值 3，同时释放函数 fun2 中的局部变量 a，b，c。

在 fun1 中，执行 "return c*c；" 后，返回函数值 9，同时释放函数 fun2 中的局部变量 a，b，c。x，y 的值仍为 21 和 12。

答案 fun1(x,y)=9,x=21,y=12

【例 7-5-3】 写出下列程序的运行结果。

```
#include<stdio.h>
long fun(int n)
{long s;
if(n==1||n==2)s=3;
else s=2*n+fun(n-1);
return s;
}
void main()
{
printf("s=%ld\n",fun(3));
}
```

解题分析 本题主要考查函数的递归调用。程序的执行过程如图 7-5-4 所示。

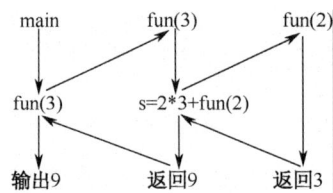

图 7-5-4　程序的执行过程

答案 s=9

【例 7-5-4】 写出下列程序的运行结果。

```
(1) #include<stdio.h>
(2) void func1(int i);
(3) void func2(int i);
(4) char st[]="hello,friend!";
(5) void func1(int i)
(6) {
(7) printf("%c",st[i]);
(8) if(i<3) { i+=2;func2(i);}
(10) }
(11) void func2(int i)
(12) {
(13) printf("%c",st[i]);
(14) if(i<3){ i+=2;func1(i);}
(16) }
(17) void main()
(18) {
(19) int i=0;
(20) func1(i);
(21) printf("\n");
(22) }
```

解题分析 本题主要考查函数的递归调用，属于间接递归调用，这类题不是很常见。程序执行时，首先调用 func1(0)函数，输出 st[0]，即"h"，然后 i 的值变为 2，调用 func2(2)，输出 st[2]，即"l"，接着 i 的值变为 4，调用 func1(4)，输出 st[4]，即"o"。然后，函数逐级返回。最后结果为：hlo。程序的执行过程如图 7-5-5 所示。

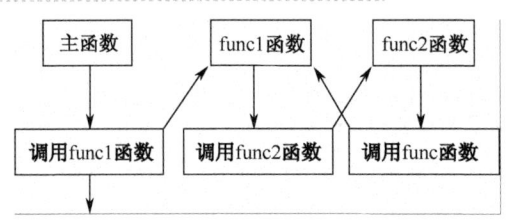

图 7-5-5　程序的执行过程

答案 hlo

拓展与变换 如果分别在语句(8)和(10)之间，语句(14)和(16)之间加入 printf("%c",st[i]);语句。程序的结果如何？

巩固练习

一、程序阅读题

1.
```
#include<stdio.h>
int f(int n)
{ if(n==1) return 1;
else return f(n-1)+1;
}
main()
{ int i,j=0;
for(i=1;i<3;i++) j+=f(i);
printf("%d\n",j);
}
```
该程序运行后的结果为_____

2.
```
#include<stdio.h>
int p=3;
int fun1(int n)
{
if(n==0)return p;
return(fun1(n-1)*n);
}
void main()
{int p=5;
printf("%d\n",fun1(4)*p);
}
```
该程序运行后的结果为_____

3.
```
#include<stdio.h>
sub(int n)
{return n%3;
}
fun(int n)
{int sum=0;
while (n>1)
{sum=sum+sub(n/2);
n=n/2;
}
return sum;
}
void main()
{int x=16;
printf("%d\n",fun(x));
}
```
该程序运行后的结果为_____

4.
```
#include<stdio.h>
long r(long n){
long f;
if(n<10)return n;
else{
f=r(n/100)*10+n%10;
return f;
}
}
```

```
void main(){
long a=1234567;
printf("%ld\n",r(a));
}
```
该程序运行后的结果为_____

5.
```
#include<stdio.h>
void p(int w){
int i;
if(w>0){
p(w-1);
for(i=0;i<w;i++)
printf("%2d",w);
printf("\n");
p(w-1);
}
}
void main(){
p(3);
}
```
该程序运行后的结果为_____

6.
```
#include<stdio.h>
long fact(long i){
if(i<=1)
return i;
else
return fact(i/2)*10+i%2;
}
void main(){
long deci,binary;
deci=123;
binary=fact(deci);
printf("binary= %d\n",binary);
}
```
该程序运行后的结果为_____

二、程序填空题

7. 下列程序的功能是：求数列 $f(n)=f(n-1)+f(n-2)$ 的第 n 项，其中 $f(1)=f(2)=1$。请完善程序。
```
#include<stdio.h>
int f(int n)
{if(n<3) ① ;
 return ② ;
}
void main()
{int n,s;
scanf("%d",&n);
s=f(n);
printf("f(%d)=%d\n",n,s);
}
```

8. 下列程序的功能是：计算机 1～n 之间的所有素数之和。请完善程序。
```
#include<stdio.h>
#include<math.h>
double addprime(int n);
int isprime(int a);
```

```
void main()
{int n=200;
printf("1-%d:%lf\n",n,addprime(___①___));
}
double addprime(int n)
{int i;
double s=0;
for(i=1;i<=n;i++)
if(isprime(___②___)) s=s+i;
return s;
}
int isprime(int a)
{int i;
if(a==1)return 0;
for(i=2;i<=sqrt(a);i++)
if(___③___) return 0;
return 1;
}
```

三、编程题

9．请编写程序，用递归算法计算斐波拉契级数的第 n 项。斐波拉契级数的前两项为1，从第 3 项起每项是有两项之和，即 1,1,2,3,5,8,13,21……

10．请编写程序，用递归算法计算两个整数（$m>=n$）的最大公约数。

11．请编写程序，用递归算法计算整数 n 的阶乘。

第8章 文 件

考纲要求

- ◆ 理解文件及文件指针的定义。
- ◆ 掌握文件的打开和关闭。
- ◆ 掌握文件的读/写操作。
- ◆ 掌握文件中的常用函数。

8.1 文件指针及文件的打开和关闭

学习目标

1. 理解文件的概念。
2. 掌握文件指针的定义。

内容提要

一、文件的概念

1．文件（file）

文件是指存储在外部介质上的数据集合。这个数据集有一个名字，叫文件名。操作系统是以文件为单位对数据进行管理的，想找到存储在外部介质上的数据，必须先按文件名找到所指定的文件，然后再从该文件中读取数据。

在 C 语言中，文件不是由记录组成的，而是由一个一个字符数据组成的，因此 C 语言文件又称为流式文件。根据数据的组织形式，可分为 ASCII 文件和二进制文件。

2．ASCII（文本）文件

ASCII 文件也称为文本文件，这种文件在磁盘中存放时每个字符对应一个字节，用于存放对应的 ASCII 码。

例如：整数 5678 用 ASCII 码存储形式为：00110101 00110110 00110111 00111000，占用 4 个字节。

3．二进制文件

二进制文件是按二进制的编码方式来存放文件的。

例如：整数 5678 用二进制存储形式为：00010110　00101110，占用 2 个字节。

4．ASCII 文件和二进制文件的区别

（1）ASCII 文件在进行输入/输出时都要经过转换，效率低，而二进制文件无需转换。

（2）ASCII 文件中的数据可在终端上显示，而二进制文件不能。

（3）二进制文件中同种类型数据占据相同的字节数。如-18 和-32134 均占用 2 个字节，而在 ASCII 中，它们分别占用 3 个字节和 6 个字节。

（4）因 ASCII 码的标准是统一的，所以文本文件可移植，而二进制文件可移植性差。

二、文件指针的定义

在缓冲文件系统中是靠**文件指针**与相应文件建立联系的。一般有几个文件就有几个文件指针。这样，对文件的访问，就转化为对文件指针的操作。

文件指针的定义格式：FILE *文件指针变量名；

如：FILE *fp;

fp 称为文件指针，fp 指向 FILE 结构。

注意 FILE 为大写，它是 C 语言在"stdio.h"中声明的一个结构体数据类型，该结构中包含文件名、文件状态和文件当前读写位置等信息。

三、文件的打开和关闭

任何一个文件的操作都要经过三个步骤：打开文件、读/写文件、关闭文件。也就是说，文件在进行读写操作之前要先打开文件（所谓打开文件，实际上是建立文件的各种有关信息，并使文件指针指向该文件，以便进行其他操作），使用完成后要关闭文件（断开指针与文件之间的联系）。

1. 文件的打开（fopen 函数）

（1）fopen 函数用来打开一个文件，其调用的一般形式为：

`fp=fopen(文件名，文件使用方式);`

如：

```
FILE *fp;                    //定义一个文件指针
fp=fopen("stud.dat","w");    //打开一个名为"stud.dat"的文件，并准备进行写操作
```

注意

① 文件名和文件打开方式均要加上双引号。

② 如果文件中含有路径的反斜杠，要用双反斜杠。

③ 如果打开成功，则 fopen 函数返回一个指向文件的指针并赋给 fp，这样 fp 就与文件联系起来了，这时通过 fp 可对指定文件进行操作。如果打开不成功，则返回 NULL。

（2）常用的文件使用方式如表 8-1-1 所示。

表 8-1-1　常用的文件使用方式

文件使用方式	说　明
"w"（只写）	新建一个文本文件，准备将字符逐个写入
"r"（只读）	准备从一个已存在的文本文件中读一些字符
"w+"（读写）	新建一个文本文件，准备将字符逐个写或读
"r+"（读写）	准备从一个已存在的文本文件中读或写一些字符
"a"（添加）	打开一个文本文件，用于在文件末尾添加字符
"wb"（只写）	新建一个二进制文件，准备将一些数据写入
"rb"（只读）	准备从一个已存在的二进制文件中读出一些数据
"ab"（添加）	打开一个二进制文件，用于在文件末尾添加数据

说明：文件使用方式由 r、w、a、t、b、+ 等 6 个字符组成。各字符含义如下：

r(read)：读

w(write)：写

a(append)：追加

t(text)：文本文件，可省略不写

b(binary)：二进制文件

+：读和写

2．文件的关闭（fclose）

（1）fclose 函数用来关闭一个文件，其调用的一般形式为：
```
fclose(文件指针);
```
如：
```
fclose(fp);          //关闭文件
```

（2）作用：关闭文件，使文件指针与文件断开，此后不能再通过该指针对原来与其相联的文件进行任何操作。

注意 若输出成功则返回 0；否则，返回 EOF（-1）。

例题解析

【例 8-1-1】 下列关于文件操作叙述中正确的（   ）。

A．对文件操作必须先关闭文件　　　　B．对文件操作必须先打开文件
C．对文件的操作没有统一规定　　　　D．对文件的操作不用打开和关闭文件

解题分析 本题主要考查文件的概念和文件操作过程。对于文件的操作包含几个步骤：文件的打开（文件打开之前，需要定义文件指针），文件的操作（读操作、写操作和追加操作等）和文件的关闭。选项 A、C、D 都是错误的，选项 B 是正确的。

答案 B

【例 8-1-2】 C 语言可以处理的文件类型有（   ）。

A．文本文件和数据文件　　　　B．数据文件和二进制文件
C．文本文件和二进制文件　　　　D．任何类型的文件

解题分析 本题主要考查 C 语言中文件的组织形式。C 语言中的数据按照在内存中组织形式不同，可分为文本文件和二进制文件。因此，选项 A、B、D 都是错误的，选项 C 是正确的。

答案 C

【例 8-1-3】 C 语言中，要打开一个已存在的非空文件"test.dat"，此文件用于修改，正确的语句是（   ）。

A．fp=fopen("test.dat","r");　　　　B．fp=fopen("test.dat","r+");
C．fp=fopen("test.dat","w");　　　　D．fp=fopen("test.dat","a+");

解题分析 本题主要考查 fopen 函数的使用方式。选项 A 以只读的方式打开文件，选项 C 以只写方式打开文件，此时文件在打开时，原有内容已被删除。选项 D 以"a+"方式打开文件，此时，保留文件中原有的数据，文件指针的位置在文件末尾，可以对文件进行追加或读操作。选项 B 是正确的。

答案 B

【例 8-1-4】 C 语言中，文件的存取方式是（   ）。

A．只能顺序存取　　　　B．只能随机存取
C．可以顺序存取，也可随机存取　　　　D．存取方式是以记录为单位的

解题分析 本题主要考查C语言中文件的存取方式。在C语言中，文件的存取方式是既可以顺序存取，也可以随机存取。因此，选项C是正确的。

答案 C

【例8-1-5】 "FILE *p"的作用是定义一个文件指针变量，其中的"FILE"是在_____头文件中定义的。

解题分析 本题主要考查C语言中文件指针定义方面的知识，在C语言中，FILE是在stdio.h头文件中定义的。

答案 stdio.h

巩固练习

一、单项选择题

1. 打开D盘上user1文件夹下名为ab.txt的文本文件进行读操作的函数调用是（　　）。
   A．fopen("D:\user1\ab.txt","r")
   B．fopen("D:\\user1\\ab.txt","r")
   C．fopen("D:\user1\ab.txt","rb")
   D．fopen("D:\\user1\\ab.txt","w")

2. C语言中，可以处理的文件为（　　）。
   A．文本文件和数据块文件
   B．文本文件和二进制文件
   C．数据文件和二进制文件
   D．任何类型文件

3. 当顺利执行了文件关闭操作时，fclose函数的返回值是（　　）。
   A．-1
   B．TRUE
   C．0
   D．1

4. 如果需要打开一个已经存在的非空文件"test.dat"进行修改，下面正确的是（　　）。
   A．fp=fopen("test.dat ","r");
   B．fp=fopen("test.dat ","ab+");
   C．fp=fopen("test.dat ","w+");
   D．fp=fopen("test.dat ","r+");

5. 若要打开D盘上user1子目录下名为abc.txt的文本文件进行读、写操作，下面符合此要求的函数调用是（　　）。
   A．fopen("D:\user1\abc.txt","r")
   B．fopen("D:\\user1\\abc.txt","r+")
   C．fopen("D:\user1\abc.txt","rb")
   D．fopen("D:\user1\abc.txt","w")

6. C语言中，文件组成的基本单位为（　　）。
   A．记录
   B．数据行
   C．数据块
   D．字符序列

7. 在C语言中,常用如下方法打开一个文件，其中函数exit(0)的作用是（　　）。
   ```
   if((fp=fopen("file1.c","r" ))==NULL)
   {printf("cannot open this file \n");exit(0);}
   ```
   A．退出C环境
   B．退出所在的复合语句
   C．当文件不能正常打开时,关闭所有的文件，并终止正在调用的过程
   D．当文件正常打开时，终止正在调用的过程

8. 执行如下程序段后，盘上生成的文件的全名是（　　）。
   ```
   #include <stdio.h>
   ```

```
FILE *fp;
fp=fopen("file","w");
```
  A．file   B．file.c   C．file.dat   D．file.txt

9．系统的标准输出文件是指（ ）。

  A．键盘   B．显示器   C．软盘   D．硬盘

10．若要用 fopen 函数打开一个新的二进制文件，该文件要既能读也能写，则文件方式应是（ ）。

  A．"ab+"   B．"wb+"   C．"rb+"   D．"ab"

8.2 文件的读/写操作

学习目标

1．掌握文件读/写操作的过程。
2．掌握文件读/写操作的 4 种方式。

内容提要

一、文件读/写操作的过程

文件的读/写过程分为三个步骤：

（1）文件的打开（fopen）；
（2）文件的读/写操作（4 种方式）；
（3）文件的关闭（fclose）。

二、文件读/写操作的 4 种方式

1．4 种文件读/写函数的格式和功能

4 种文件读/写函数的格式和功能

类型	读/写操作	格式	功能
单个字符读写函数	读操作 fgetc()	ch=fgetc(fp);	从指定的文件读取一个字符赋给变量 ch,若文件结束,则返回 EOF，其值为-1
	写操作 fputc()	fputc(ch,fp);	将字符 ch 写入到 fp 所指向的文件中
字符串读写函数	读操作 fgets()	fgets(str,n,fp);	是指从 fp 指向的文件中读取 n-1 个字符的字符（其末尾加'\0'即构成了 n 具字符的字符串），把它们放到字符数组 str 中
	写操作 fputs()	fputs(str,fp);	向指定文件写入一个字符串，最后的'\0'不写入
格式化读写函数	读操作 fscanf()	fscanf(fp，格式字符串，输入表列);	从文件指针指向的文件中按规定的格式读取数据到变量中

续表

类型	读/写操作	格式	功能
	写操作 fprintf()	fprintf(fp,格式字符串,输入表列);	将输出表列中的变量按规定的格式写入到文件指针指向的文件中
数据块读/写函数	读操作 fread()	fread(buffer,size,count,fp);	从 fp 指向的文件中读取 count 个，大小为 size 的数据项存放到 buffer 指向的存储单元中
	写操作 fwrite()	fwrite(buffer,size,count,fp);	从 buffer 指向的存储单元中写入 count 个，大小为 size 的数据项送到 fp 指向的文件中

2．文件读/写函数原则

从功能角度来说，fread()和 fwrite()函数可以完成文件的任何数据读/写操作。为方便起见，一般依以下原则选用：

（1）读/写 1 个字符（或字节）数据时，选用 fgetc()和 fputc()函数。
（2）读/写 1 个字符串时，选用 fgets()和 fputs()函数。
（3）读/写 1 个或多个不含格式的数据时，选用 fread()和 fwrite()函数。
（4）读/写 1 个或多个含格式的数据时，选用 fscanf()和 fprintf()函数。

对使用文件类型的要求：

（1）fgetc()和 fputc()函数主要对文本文件进行读/写，但也可以对二进制文件进行读/写。
（2）fgets()和 fputs()函数主要对文本文件进行读/写，对二进制文件操作无意义。
（3）fread()和 fwrite()函数主要对二进制文件进行读/写，但也可以对文本文件进行读/写。
（4）fscanf()和 fprintf()函数主要对文本文件进行读/写，对二进制文件操作无意义。

例题解析

【例 8-2-1】 下列程序实现的是将文件"abc.dat"中的字符追加到文件"xyz.dat"中，请在试题空白处填写合适的内容。（2013 年高考题）

```
#include<stdio.h>
#include<stdlib.h>
void main()
{
    ___①___ *fp1,*fp2;
    if(((fp1=fopen("abc.dat","r"))___②___ NULL)|| ((fp2=fopen("xyz.dat","a"))==NULL))
    {printf("文件打开错误！\n");
    exit(0);
    }
    while(!feof(fp1))
    fputc(fgetc(fp1), ___③___ );
    ___④___ ;
    fclose(fp2);
}
```

解题分析 本题是一个典型文件中有关字符读写操作题，对于文件操作的题目，包含以下几个步骤：文件的打开（打开之前需要定义文件指针），文件的操作（读操作、写操作和追加操作等）和文件的关闭。另外，本题也涉及文件的字符读写函数的应用。根据上述分析，结合题目内容，不难得出本题答案。

答案 ①FILE ②== ③fp2 ④ fclose(fp1)

【例 8-2-2】 现有 1 个存放学生成绩的数据文件 score.dat，内容如下：

学号，成绩
200， 93
201， 78
202， 82
...   ...
299， 89
...   ...

下列程序将从该文件中顺序读取数据分别存放到数组 a[ ]、b[ ]中，然后进行折半查找操作。请完善程序填空。（2011 年高考题）

```
include <stdio.h>
#include <stdlib.h>
#define N 100
FILE *fp;
int b[N];
search(int bot,int top,int n)
{ int mid;
while(bot<=top)
{ mid=_____①_____;
if(n==b[mid]) return(mid);
else if(n>b[mid]) bot=mid+1;
else top=mid-1;
}
return(-1);
}
void main()
{ int i,j,n;
int a[N];
/*----1.读文件 */
if((fp=fopen("score.dat","_____②_____"))==NULL)
{exit(1); printf("can't open a file!");}
else
{for(i=0;i<N;i++)
fscanf(fp,"%d %d",&b[i],&a[i]);
_____③_____;
/*----2.查找 */
printf("开始查找，请输入学生学号:\n");
scanf("%d",&n);
if(search(0,N-1,n)!=-1)
printf("学号: %d,成绩: %5d\n",n,_____④_____);
else
printf("查无此数据!\n");
}
}
```

解题分析 本题是一道综合题，涉及的知识点较多：文件、数组应用（查找）和函数等。根据文件操作的相关知识，由于本程序是从文件中读取数据，所以②处填写 r，数据读取完毕，要关闭文件，所以③处填写 fclose(fp)。在 search()函数中，由于采用折半查找，根据相关知识，①处应填写(bot+top)/2。④处涉及函数的调用和返回相关知识，要求打印输出查找到的同学的成绩，成绩放在 a 数组中，这时要理清存放该同学成绩 a 数组的下标，该下标应为函数的返回值。所以④处应填写 a[search(0,N-1,n)]。

答案 ①(bot+top)/2　　②r　　③fclose(fp)　　④a[search(0,N-1,n)]

【例 8-2-3】程序运行时，分别输入"start"，"end"，写出下列程序的运行结果。

```c
#include<stdio.h>
void Writestr(char str[])
{FILE *fp1;
fp1=fopen("f1.dat","w");
fputs(str,fp1);
fclose(fp1);
}
void main()
{FILE *fp2;int i;
char str[80];
for(i=0;i<2;i++)
{printf("请输入字符串：");
gets(str);
Writestr(str);
}
fp2=fopen("f1.dat","r");
while(!feof(fp2))
putchar(fgetc(fp2));
fclose(fp2);
}
```

解题分析 本程序主要考查文件的建立和文件的读取。函数 Writestr() 的功能是建立一个新文件"f1.dat"，若该文件已经存在，则在新建前将其中的内容清除掉。本题主函数两次调用函数 Writestr()，第一次调用将"start"写入文件 f1.dat 中，第二次调用函数 Writestr()，将"end"写入文件"f1.dat"中，注意，此时会将文件"f1.dat"的原内容清除掉，文件中的内容为 end。因此，在 main() 函数读取文件"f1.dat"中的内容后，在屏幕上显示的结果为 end。

答案 end

【例 8-2-4】下列程序的功能是：使用 fwrite 函数将杨辉三角形数据以整行为单位进行写入（即每行的元素一次性写入），文件名为"yh.dat"。再用 fread 函数从该文件中读入数据到内存，最后输出杨辉三角形。请完善程序。

```c
#include<stdio.h>
#define N 9
void main()
{int yha[N][N],yhb[N][N],i,j;
int len=_____①_____;
FILE *fp;
for(i=0;i<N;i++)
{yha[i][0]=yha[i][i]=1;
for(j=1;j<i;j++)
yha[i][j]=_____②_____;
}
fp=fopen(_____③_____);
for(i=0;i<N;i++)
fwrite(yha[i],len,1,fp);
fclose(fp);
fp=fopen("yh.dat","r");
for(i=0;i<N;i++)
```

```
{fread(_____④_____);
for(j=0;j<=i;j++)
printf("%4d",yhb[i][j]);
printf("\n");
}
fclose(fp);
}
```

解题分析 本程序要求用 fwrite 函数将杨辉三角形数据写入文件中，所以该题要考虑以下 2 个方面的问题：①产生杨辉三角形数据。②进行文件的写操作和读操作。在进行文件的读/写操作时，由于题目要求一次性读写杨辉三角形每行中的所有元素，所以一次写入的数据块长度应大于或等于最后一行所有元素的字节总数，即 len=sizeof(int)*N，所以①处应填写 sizeof(int)*N。另外，根据写操作和读操作的对称性，可以把③处和④处的内容填写出来。根据杨辉三角形的构成，②处应填写 yha[i-1][j-1]+yha[i-1][j]。

答案 ① sizeof(int)*N   ② yha[i-1][j-1]+yha[i-1][j]   ③ "yh.dat","w"   ④ yhb[i],len,1,fp

巩固练习

一、单项选择题

1. fscanf 函数的正确调用形式是（　　）。
   A．fscanf(fp,格式字符串,输出表列);
   B．fscanf(格式字符串,输出表列,fp);
   C．fscanf(格式字符串,fp,输出表列);
   D．fscanf(fp,格式字符串,输入表列);

2. 若调用 fputc 函数输出字符成功，则其返回值是（　　）。
   A．EOF   B．1   C．0   D．输出的字符

3. fwrite 函数的一般调用形式是（　　）。
   A．fwrite(buffer,count,size,fp);
   B．fwrite(buffer,size,count,fp);
   C．fwrite(fp,count,size,buffer);
   D．fwrite(fp,size,count,buffer);

4. 下面程序的主要功能是（　　）。
```
#include"stdio.h"
main()
{FILE *fp;
double x[4]={-12.1,12.2,-12.3,12.4};
int i;
fp=fopen("data1.dat","wb");
for(i=0;i<4;i++)
fwrite(&x[i],8,1,fp);
fclose(fp);
}
```
   A．创建空文档 data1.dat
   B．创建文本文件 data1.dat
   C．将数组 x 中的四个实数写入文件 data1.dat 中
   D．定义数组 x

5. 下面的程序执行后，文件 test.dat 中的内容是（　　）。

```
#include <stdio.h>
#include<string.h>
void fun(char fn[],char st[])
{ FILE *myfp; int i;
myfp=fopen(fn, "w" );
for(i=0;i<strlen(st); i++)
fputc(st[i],myfp);
fclose(myfp);
}
void main()
{ fun("test.dat","new world");
fun("test.dat","hello, ");
}
```

  A．hello,   B．new worldhello,   C．new world   D．hello, rld

6．假定当前盘符下有两个文件，一个文件名为 a1.dat，内容为 abc#，另一个文件名为 a2.dat，内容为 cba#。则下面程序段执行后的结果为（   ）。

```
#include "stdio.h"
void fun(FILE *p)
{ char c;
while((c=fgetc(p))!='#')
putchar(c);
}
void main()
{ FILE *fp;
fp=fopen("a1.dat","r");
fun(fp);
fclose(fp);
fp=fopen("a2.dat","r");
fun(fp);
fclose(fp);
putchar('\n');
}
```

  A．abc   B．cba   C．abccba   D．以上均错

7．如果要将存放在双精度型数组 a[10]中的 10 个双精度型实数写入文件型指针 fp1 指向的文件中，正确的语句是（   ）。

  A．for(i=0;i<80;i++) fputc(a[i],fp1);

  B．for(i=0;i<10;i++) fputc(&a[i],fp1);

  C．for(i=0;i<10;i++) fwrite(&a[i],8,1,fp1);

  D．fwrite(fp1,8,10,a);

8．下列程序的主要功能是（   ）。

```
#include "stdio.h"
void main()
{FILE *fp;
long count=0;
fp=fopen("q1.c","r");
while(!feof(fp))
{fgetc(fp);
count++;
}
printf("count=%ld\n",count);
fclose(fp);
}
```

  A．读文件中的字符   B．统计文件中的字符数并输出

  C．打开文件   D．关闭文件

二、程序阅读题

9.
```
#include<stdio.h>
void main()
{
int i=10,j=20,m,n;
FILE *fp;
fp=fopen("d1.dat","w");
fprintf(fp, "%d\n%d",i,j);
fclose(fp);
fp=fopen("d1.dat","r");
fscanf(fp,"%d%d",&m,&n);
printf("m=%d,n=%d\n",m,n);
fclose(fp);
}
```
该程序运行后的结果为_____

10.
```
#include<stdio.h>
void main()
{FILE *fp;
int m,n,x[]={1,3,5,7};
fp=fopen("d2.dat","w");
fprintf(fp,"%d%d\n",x[0],x[1]);
fprintf(fp,"%d%d\n",x[2],x[3]);
fclose(fp);
fp=fopen("d2.dat","r");
fscanf(fp, "%d%d",&m,&n);
printf("m=%d,n=%d\n",m,n);
fclose(fp);
}
```
该程序运行后的结果为_____

三、程序填空题

11．下列程序运行后，输入数据 12，34，56，78，23，36，45，69，70，88，则得到最终的输出结果为：12，23，34，36，45，56，69，70，78，88。请完善程序填空。（2010 年高考题）
```
#include <stdio.h>
#include <stdlib.h>
void main()
{ FILE *fp;
int i,j,temp;
int a[10]={0};
/*1--建立一个文本文件*/
if((fp=_____①_____ ("text.txt","w"))==NULL)
exit(0);
for(i=0;i<10;i++)
{ scanf("%d",&a[i]);
fwrite(&a[i],sizeof(int),1,fp);
}
fclose(fp);
/*2--读取文本文件中数据*/
fp=fopen("text.txt","_____②_____");
for(i=0;i<10;i++)
{ fscanf(fp, "%d",&a[i]);
printf("%d, ",a[i]);
}
printf("\n");
```

```
/*3--数据排序*/
for(i=0;i<9;i++)
for(j=0;j<____③____;j++)
{ if(a[j]>a[j+1])
{temp=a[j]; a[j]=a[j+1]; a[j+1]=temp;}
}
/*4--打印输出*/
for(i=0;i<10;i++)
{ printf("%d, ", ____④____); }
printf("\n");
fclose(fp);
}
```

12. 以下程序将数组 a 的 4 个元素和数组 b 的 6 个元素写到名为 d3.dat 的二进制文件中，请完善程序。

```
#include <stdio.h>
void main()
{ FILE *fp;
char a[4]="1234", b[6]="abcedf";
if((fp=fopen("____①____","wb"))=NULL) exit(0);
fwrite(a,sizeof(char),4,fp);
fwrite(b,____②____,1,fp);
fclose(fp);
}
```

13. 下列程序的功能是：分别统计文件中可显示字符及空白（空格、制表）符个数。请完善程序。（2012 年高考题）

```
#include <stdio.h>
#include <stdlib.h>
void main()
{ ____①____ ;
char ch;
int white=0;
int count=0;
/*1--建立文件*/
if((fp=____②____("file.dat","w"))==NULL) exit(0);
while((ch=getchar())!='\n')
fputc(ch,fp);
fclose(fp);
/*2--打开文件*/
if((fp=fopen("file.dat","r"))==NULL)
{
printf ("不能打开文件！");
exit(1);
}
/*3--计算字符数*/
while((ch=____③____(fp))!=EOF)
if(ch==' ' || ch=='\t')
white++;
else
count=____④____;
fclose(fp);
printf("文件中有%d 个字符。\n",count);
printf("文件中有%d 个空白字符。\n",white);
}
```

14. 下列程序的功能是：从键盘上输入一个字符串，把该字符串中的小写字母改写大写字母，输出到文件 test1.dat 中，然后从该文件字符串并显示出来。请完善程序。

```c
#include<stdio.h>
void main()
{int i=0;
char str[100];
FILE *fp;
fp=fopen("test1.dat", "w" );
printf("Input a string: ");
gets(str);
while(_____①_____)
{if(str[i]>='a'&&str[i]<='z')
str[i]=_____②_____ ;
fputc(str[i],fp);
i++;
}
fclose(fp);
fp=fopen("test1.dat", "r");
fgets(_____③_____);
printf("%s\n",str);
fclose(fp);
}
```

四、编程题

15．编写一个程序，完成的功能为：找出存放在文件 file1.dat 中 10 个数的最小值，将结果在屏幕上显示出来。

16．在文件 file2.dat 中存放了若干个字符，要求编程统计出其中大写字母的个数。若 file2.da 中的内容为"AeCfjKUD!"。

17．在文件 file3.dat 中存放了 20 个整数，要求编写程序将这 20 个整数按降序排序，并将排序结果保存到文件 file4.dat 中。

18．把一个双精度浮点数数组 f[10]中的 10 个数据用 fwrite 函数写入文件 file5.dat 中。

8.3 文件中的常用函数

学习目标

1. 掌握文件的定位函数。
2. 掌握文件的检测函数。

内容提要

一、文件的定位函数

前面学习的函数对文件的读/写操作只能从头开始，顺序进行。其实，我们还可以按要求随机读写数据。要实现随机读写的关键是按要求移动位置指针，又称为文件定位。文件定位函数通常有两个，即 rewind 和 fseek 函数。

1. rewind 函数

（1）格式：

`rewind（文件指针）`

（2）功能：rewind 函数的功能是把文件内部的位置指针移到文件开头。

2. fseek 函数

（1）格式：

`fseek（文件指针，位移量，起始点）`

（2）功能：fseek 函数用来移动文件内部位置指针。若函数调用成功，函数值为 0，否则为非 0 值。

其中，位移量是以起始点为基准的文件位置移动的字节数（long 类型）。起始点可以用数字(0~2)来表示，也可以用标识符来表示。具体如表 8-3-1 所示。

表 8-3-1　fseek 函数的起始点与标识符

起始点	标识符	数字
文件开始	SEEK_SET	0
文件当前位置	SEEK_CUR	1
文件末尾	SEEK_END	2

注意 若位移量为正数，则文件位置指针向文件末尾方向移动，否则向文件开头移动。起始点可以用标识符或数字表示。

二、文件的检测函数

1. feof 函数（文件结束检测函数）

（1）格式：

feof（文件指针）

（2）功能：判断文件是否处于文件结束位置，如果文件结束，则返回值为 1，否则为 0。

2．ferror 函数(读写文件出错检测函数)

（1）格式：ferror（文件指针）

（2）功能：检查文件在用各种输入/输出函数进行读写时是否出错。如文件没有出错，则返回值为 0，否则为 1。

注意 在 C 语言中对文件的操作都是通过调用有关的函数来实现的，函数调用是否成功，可有两种手段来检测。其一是由函数的返回值来确定，如调用 fgets,fputs,fgetc,fputc 等函数时，若文件结束或文件出错，则返回值为 EOF（-1）；调用 fread,fopen,fclose 等函数时，若出错返回值为 NULL。其二是用出错检测函数 ferror 来检测。

例题解析

【例 8-3-1】 写出下列程序的运行结果。

```c
#include<stdio.h>
void main()
{int i,a[4]={1,3,5,7},b;
 FILE *fp;
 fp=fopen("abc.dat","wb");
 for(i=0;i<4;i++)
 fwrite(&a[i],sizeof(int),1,fp);
 fclose(fp);
 fp=fopen("abc.dat","rb");
 fseek(fp,-2L*sizeof(int),SEEK_END);
 fread(&b,sizeof(int),1,fp);
 fclose(fp);
 printf("b=%d\n",b);
}
```

解题分析 本程序主要涉及 3 个函数：fwrite、fread 和 fseek。程序首先将 1,3,5,7 四个整数写入二进制文件 abc.dat 中。然后将文件内部的指针从文件末尾接向上移两个数据的位置，即指向整数"5"所在的位置。然后再读出当前指针所在的文件数据，即 b 的值为 5。

答案 b=5

【例 8-3-2】 写出下列程序的运行结果。

```c
#include<stdio.h>
void main()
{int i,j,k;
 FILE *fp;
 fp=fopen("abcd.dat","w+");
 for(i=1;i<=6;i++)
 {fprintf(fp,"%d",i);
  if(i%4==0)fprintf(fp,"\n");
 }
 rewind(fp);
 fscanf(fp,"%d%d",&j,&k);
 printf("%d,%d",j,k);
 fclose(fp);
}
```

解题分析 本题主要考查 fscanf 和 fprintf 函数的用法。for 循环是将 1,2,3,4,5,6 写入文件

"abcd.dat"中，注意1234是没有分隔符的，56在下一行。rewind函数的作用是将文件内部的位置指针移到文件开头。紧接着从文件"abcd.dat"中读取两个数据1234和56分别赋给变量j,k,最后将j,k的值在屏幕上显示出来。

答案 1234，56

巩固练习

一、单项选择题

1. fseek 函数的正确调用形式是（　　）。
   A．fseek（文件指针,起始点,位移量）
   B．fseek（文件指针,位移量,起始点）
   C．fseek（位移量,起始点,文件指针）
   D．fseek（起始点,位移量,文件指针）

2. 若 fp 是指向某文件的指针，且已读到文件末尾，则函数 feof(fp)的返回值是（　　）。
   A．EOF　　　　B．-1　　　　C．1　　　　D．NULL

3. 函数 fseek(fp,0L,SEEK_END)中的 SEEK_END 代表的起始点是（　　）。
   A．文件开始　　B．文件末尾　　C．文件当前位置　　D．以上都不对

4. rewind()函数的功能是（　　）。
   A．使位置指针返回到文件头
   B．使位置指针返回到文件尾
   C．使位置指针指向文件特定的位置
   D．使位置指针自动移到下一个字符处

5. 函数 fseek(fp,-5L,2)的含义是（　　）。
   A．将文件位置指针移到距离文件头 5 个字节处
   B．将文件位置指针从当前位置向文件尾方向移动 5 个字节
   C．将文件位置指针从当前位置向文件头方向移动 5 个字节
   D．将文件位置指针从文件末尾处向文件头方向移动 5 个字节

二、程序阅读题

6.
```
#include<stdio.h>
void main()
{
FILE *fp;
char str1[]="Jiangsu",str2[]="Nanjing";
fp=fopen("file6.dat","wt");
fwrite(str2,7,1,fp);
rewind(fp);
fwrite(str1,7,1,fp);
fclose(fp);
}
```
程序执行后，文件 file6.dat 中的内容是_____

7.
```
#include<stdio.h>
void main()
```

```
{
FILE *fp;
char str1[10]= "Jiangsu",str2[10]= "Nanjing";
fp=fopen("file7.dat","wt");
fwrite(str2,7,1,fp);
fseek(fp,-6L,SEEK_END);
fwrite(str1,7,1,fp);
fclose(fp);
}
```
该程序运行后的结果为_____

8.
```
#include<stdio.h>
void main()
{
FILE *fp;
int i,x[5]={1,3,5,7,9};
fp=fopen("file8.dat","wb+");
fwrite(x,sizeof(int),5,fp);
fseek(fp,sizeof(int)*3,SEEK_SET);
fread(x,sizeof(int),2,fp);
fclose(fp);
for(i=0;i<5;i++)
printf("%3d",x[i]);
printf("\n");
}
```
该程序运行后的结果为_____

三、程序填空题

9. 若需要将文件中的位置指针重新移到文件的开头位置，可调用函数_____①_____；如果需要将文件中的位置指针从文件头移到第 10 个字节处，可调用函数_____②_____。

10. 调用 ferror 函数检测文件是否出错时，若文件没出错，那么 ferror 返回值是_____。

读者意见反馈表

书名：课课通 C 语言（计算机类）　　　　主编：王旋　　　　策划编辑：张　凌　陶　亮

> 谢谢您关注本书！烦请填写该表。您的意见对我们出版优秀教材、服务教学，十分重要。如果您认为本书有助于您的教学工作，请您认真地填写表格并寄回。**我们将定期给您发送我社相关教材的出版资讯或目录，或者寄送相关样书。**

个人资料

　　姓名_____年龄_____联系电话_____（办）_____（宅）_____（手机）
　　学校_____专业_____职称/职务_____
　　通信地址_____邮编_____E-mail_____

本书在内容上需要更正的疏漏、错误：

　　请您详细填写：_____
　　_____
　　_____

巩固练习、试卷参考答案是否存在不匹配、错误的答案：

　　请您详细填写：_____
　　_____
　　_____

还存在哪些没有覆盖到的知识点、考点：

　　请您补充：_____
　　_____
　　_____

您希望本书内容在哪些方面得到改进？

　　□知识要点　　□例题解析　　□巩固练习　　□试卷数量　　□配套资源
　　请您详细填写：_____
　　_____
　　_____

　　感谢您的配合，您的意见是我们进步的阶梯！可将本表或者您的建议、意见，按以下方式反馈给我们：

　　【方式一】电子邮件：zling@phei.com.cn（张凌）
　　【方式二】邮局邮寄：北京市万寿路 173 信箱华信大厦 1302 室　中等职业教育分社（邮编：100036）
　　张凌 收　电话：010-88254583
　　如果您需要了解更详细的信息或有著作计划，请与我们联系。

反侵权盗版声明

电子工业出版社依法对本作品享有专有出版权。任何未经权利人书面许可，复制、销售或通过信息网络传播本作品的行为；歪曲、篡改、剽窃本作品的行为，均违反《中华人民共和国著作权法》，其行为人应承担相应的民事责任和行政责任，构成犯罪的，将被依法追究刑事责任。

为了维护市场秩序，保护权利人的合法权益，我社将依法查处和打击侵权盗版的单位和个人。欢迎社会各界人士积极举报侵权盗版行为，本社将奖励举报有功人员，并保证举报人的信息不被泄露。

举报电话：（010）88254396；（010）88258888
传　　真：（010）88254397
E-mail： dbqq@phei.com.cn
通信地址：北京市万寿路 173 信箱
　　　　　电子工业出版社总编办公室
邮　　编：100036

"课课通"普通高校对口升学系列学习指导丛书

课课通

C语言（计算机类）

测试卷

主　编　王　旋
副主编　董小莉　李　静　侯　娟

电子工业出版社
Publishing House of Electronics Industry
北京·BEIJING

目　　录

第1、2章　C语言基础知识和顺序结构程序设计　阶段测试卷……………………………………1

第3章　选择结构程序设计　阶段测试卷……………………………………………………………5

第4章　循环结构程序设计　阶段测试卷……………………………………………………………11

第5章　数组　阶段测试卷……………………………………………………………………………15

第6章　字符数组和字符串　阶段测试卷……………………………………………………………19

第7章　函数　阶段测试卷……………………………………………………………………………23

第8章　文件　阶段测试卷……………………………………………………………………………27

C语言综合测试卷（一）………………………………………………………………………………31

C语言综合测试卷（二）………………………………………………………………………………35

测试卷参考答案………………………………………………………………………………………39

巩固练习参考答案……………………………………………………………………………………49

第1、2章 C语言基础知识和顺序结构程序设计
阶段测试卷

（满分100分，考试时间100分钟）

题 号	一	二	三	总分
得 分				

得 分	评卷人

一、程序阅读题（每题8分，共64分）

1.
```
#include "stdio.h"
main( )
{
int a=2,b=3;
float c=5,d=2.5;
printf("a+b=%d\n", a+b);
printf("c/d=%f\n", c/d);
printf("b%a=%d\n",b%a);
printf("%f\n",(a+b)/2+c/d);
printf("%f\n",(c+d)/2+a/b);
}
```

第1题的运行结果：

2.
```
#include "stdio.h"
main( )
{
char c1='a',c2='d';
printf("%d\t%d\n",c1,c2);
printf("%-4c\n%4c\n",c1,c2);
}
```

第2题的运行结果：

3.
```
#include "stdio.h"
main( )
{
int x,y,z;
x=249, y=13, z=10;
printf("x 的值是%d\n", ++x);
printf("y 的值是%d\n", y++);
printf("%d,%d \n", --y,y++);
printf("x+y+z=%d\n", x+y+z);
}
```

第3题的运行结果：

4.
```
#include "stdio.h"
main( )
{
int a=5,b=6,c;
c=a<b?a+b:a-b;
```

第4题的运行结果：

```
    a++;--b;
    printf("a=%d\n", a);
    printf("b=%d\n", b);
    printf("c=%d\n", c);
    }
```

5.
```
#include "stdio.h"
main( )
{
int  x,y=3,z=2;
scanf("%d",&x);        //输入 x 值为 4
y+=x;
x++;
z*=x;
printf("x=%d\n", x);
printf("y=%d\n", y);
printf("z=%d\n", z);
}
```

第 5 题的运行结果：

6.
```
#include<stdio.h>
void main()
{
int a=2,b;  float x=-3.2;
b=(int)x*2;
a=b++;
printf("%d,%d\n",a,b);
b=a%3;   a=--b;
printf("%d,%d\n",a,b);
}
```

第 6 题的运行结果：

7.
```
#include<stdio.h>
void main()
{
int x=3,y=5;
float a=11.16;
double b=33.192876543;
printf("%5d",x);
printf("y=%5d",y);
printf("\n");
printf("x+y=%5d\n",x+y);
printf("%5f\t,一位小数：%5.1f\t 三位小数%5.3f\n",a,a,a);
printf("%5f\t,%5.1f\t,%5.3f\n",b,b,b);
}
```

第 7 题的运行结果：

8.
```
#include<stdio.h>
void main()
{
int a=68; char c='x'; float x=9.1835;
printf("%d,%o,%x\n",a,a,a);
```

```
            printf("%4d\n%2d\n",a,a);
            printf("%3c\n%c\n",c,c);
            printf("%d\n%c\n",c,c);
            printf("%s\n%4s\n%6s\n%-6s\n","happy"," happy","happy","happy");
            printf("%5.4s\n%4.5s\n%-5.4s\n","hello","hello","hello");
            printf("%f\n%4.1f\n%-4.1f\n %6.2f\n ",x,x,x,x);
            a*=1+5;
            printf("%d \n",a);
       }
```

第8题的运行结果：

得 分	评卷人

二、程序填空题（每空2分，共8分）

9. 实现从键盘给输入两个整型变量 a,b 赋值，并求出其平均值，请补充程序。
```
#include "stdio.h"
main( )
{ int a,b;
  float avg;
  printf("请给变量a和b赋值：");
  _____①_____ ;
  avg=_____②_____ ;
  pringf("avg=%f",avg); }
```

10. 补充程序，用公式 c=（f-32）/1.8 将输入的华氏温度转换为摄氏温度。
```
#include "stdio.h"
main( )
{_____①_____
 printf("请输入华氏温度：")
 scanf("%f",&f);
 c=_____②_____ ;
 printf("对应的摄氏温度是：%f\n",c);
}
```

得 分	评卷人

三、编程题（9分+9分+10分=28分）

11. 设圆半径 $r=3.0$，圆柱体高 $h=8.2$，求圆周长 L、圆面积 S、圆柱体体积 V，并输出 L，S，V，输出结果保留两位小数（定义符号常量 PI 为 3.1415）。

   提示：$L=2\pi r$，$S=\pi r^2$，$V=sh$

12．键盘输入 2 个整数，编程输出最小值。

13．计算机班某同学第一次月考部分成绩如下：语文 80 分，数学 85 分，英语 73 分，电工基础 78 分，C 程序设计 77 分，请编程计算该同学的总分和平均分。

第3章 选择结构程序设计 阶段测试卷

（满分100分，考试时间100分钟）

题 号	一	二	三	总分
得 分				

得 分	评卷人

一、选择题（每题2分，共24分）

1. 执行下面程序的输出结果是（　　）。
   ```
   main( )
   { int a=5,b=0,c=0;
     if (a=a+b) printf("****\n");
     else  printf("####\n");
   }
   ```
   A．有语法错误不能编译　　B．能通过编译，但不能通过连接
   C．输出 ****　　D．输出 ####

2. 运行下面程序后，其输出结果为（　　）。
   ```
   main( )
   { int k=-3;
     if (k<=0) printf("****\n");
     else printf("####\n");
   }
   ```
   A．####　　　　B．****
   C．####****　　D．有语法错误不能通过编译

3. 以下不正确的if语句是（　　）。
   A．if(x>y) printf("%d\n",x);
   B．if(x=y)&&(x!=0) x+=y;
   C．if(x!=y) scanf("%d",&x);else scanf("%d",&y);
   D．if(x<y) {x++;y++;}

4. 以下条件表达式中能完全等价于条件表达式x的是（　　）。
   A．(x==0) B．(x!=0) C．(x==1) D．(x!=1)

5. 若运行下面程序时，给变量a输入15，则输出结果是（　　）。
   ```
   main( )
   { int a,b;
     scanf("%d",&a);
     b=a>15?a+10:a-10;
     printf("%d\n",b) ;
   }
   ```
   A．5　B．25　C．15　D．10

6. 以下选项中，两个条件语句语义等价的是（　　）。
   A．if(a=2)printf("%d\n",a);　　B．if(a-2)printf("%d\n",a);
   　　if(a==2)printf("%\n",a);　　　　if(a!=2)printf("%\n",a);

C. if(a)printf("%d\n",a);　　D. if(a-2)printf("%d\n",a);
　　if(a==0)printf("%\n",a);　　if(a==2)printf("%\n",a);

7. 执行下列程序后的输出结果是（　　）。
```
main( )
{ int k=4,a=3,b=2,c=1;
printf("%d\n",k<a?k:c<b?c:a);
}
```
A. 4　B. 3　C. 2　D. 1

8. 以下程序段的运行结果是（　　）。
```
    int w=3,z=7,x=10;
    printf("%d\n",x>10?x+100:x-10);
    printf("%d\n",w++||z++);
    printf("%d\n",w>z);
    printf("%d\n",w&&z);
```
A. 0　B. 1　C. 0　D. 0
　1　　1　　1　　1
　1　　1　　0　　0
　1　　1　　1　　0

9. 在执行以下程序时，为了使输出结果为:t=4 则给 a 和 b 输入的值应满足的条件是（　　）。
```
main( )
{ int s,t,a,b;
scanf("%d,%d",&a,&b);
s=1; t=1;
if(a<0) s=s+1;
if(a>b) t=s+t;
else if(a==b) t=5;
else t=2*s;
printf("t=%d\n",t);
}
```
A. a>b　B. a<b<0　C. 0>a>b　D. 0<a<b

10. 请读程序:
```
#include <stdio.h>
main( )
{ int x=1,y=0,a=0,b=0;
switch(x)
{ case 1: switch(y)
{ case 0: a++;break;
case 1: b++;break;
}
case 2: a++;b++;break;
}
printf("a=%d,b=%d\n",a,b);
}
```
上面程序的输出结果是（　　）。
A. a=2,b=1　B. a=1,b=1　C. a=1,b=0　D. a=2,b=2

11. 下面程序的输出结果是（　　）。
main( )

```
{int x=100,a=10,b=20,ok1=5,ok2=0;
if (a<b)
if (b!=15)
if (!ok1)
x=1;
else
if (ok2) x=10;
x=-1;
printf("%d\n",x);
}
```
  A. -1 B. 0 C. 1 D. 不确定的值

12. 请读程序：
```
#include <stdio.h>
main( )
{ char c1,c2,c3,c4;
int n;
long int x;
c1=c2=c3=c4=' ';
scanf("%ld",&x);
if (x>=1000) n=4;
else if (x>=100) n=3;
else if (x>=10) n=2;
else n=1;
switch (n)
{ case 4:c4=x%10+'0';x=x/10;
case 3:c3=x%10+'0';x=x/10;
case 2:c2=x%10+'0';x=x/10;
case 1:c1=x%10+'0';
}
printf("%c%c%c%c\n",c4,c3,c2,c1);
}
```
若执行程序时，从键盘上输入1234，则输出结果是（ ）。
  A. 1234 B. 1 2 3 4 C. 4321 D. 4 3 2

得 分	评卷人

二、**程序阅读题**（每题 8 分，共 48 分）

13. 写出下列程序的运行结果。
```
#include<stdio.h>
main( )
{ int a=2,b=7,c=5;
switch(a>0)
{ case 1:switch(b<0)
{ case 1: printf("@");
      break;
case 0: printf("!");
        break;
}
```

第 13 题的运行结果：

```
    case 0:switch(c==5)
    { case 0: printf("*"); break;
    case 1: printf("#");
            break;
    default: printf("%%");break;
    }
    default: printf("&");
    } printf("\n");
    }
```

14. 运行下面程序时，若从键盘输入数据为"23"，则输出结果是（   ）。
```
main( )
{ int num,i,j,k,place;
scanf("%d",&num);
if (num>99)
place=3;
else if(num>9)
place=2;
else
place=1;
i=num/100;
j=(num-i*100)/10;
k=(num-i*100-j*10);
switch (place)
{ case 3: printf("%d%d%d\n",k,j,i);
break;
case 2: printf("%d%d\n",k,j);
break;
case 1: printf("%d\n",k);
}
}
```

第 14 题的运行结果：

15. 运行下面程序时，若从键盘输入数据为"86"，则输出结果是（   ）。
```
main( )
{ int t;
scanf("%d",&t);
if (t>=90)  printf("A\n");
else if (t>=80) printf("B\n");
else if (t>=70) printf("C\n");
else if (t>=60) printf("D\n");
else printf("E\n");
printf("OK\n");
}
```

第 15 题的运行结果：

16.
```
main( )
{ int a=0,b=1,c=0,d=20,x;
if (a) d=d-10;
else if (!b)
if (!c) x=15;
else x=25;
printf("%d\n",d);
}
```

第 16 题的运行结果：

17. 运行下面程序时,从键盘输入"1605<CR>",则程序输出结果是(　　)。
```
main( )
{ int t,h,m;
scanf("%d",&t);
h=(t/100)%12;
if (h==0) h=12;
printf("%d:",h);
m=t%100;
if (m<10) printf("0");
printf("%d",m);
if (t<1200||t==2400)
printf("AM");
else printf("PM");
}
```

第 17 题的运行结果:

18. 运行下面程序时,从键盘输入数据为"2,13,5<CR>",则程序输出结果是(　　)。
```
#include <stdio.h>
main( )
{ int a,b,c;
scanf("%d,%d,%d",&a,&b,&c);
switch(a)
{ case 1: printf("%d\n",b+c); break;
case 2: printf("%d\n",b-c); break;
case 3: printf("%d\n",b*c);
       break;
case 4: { if(c!=0) {printf
      ("%d\n",b/c);break;}
else {printf("error\n");break;}
}
defualt: break;
}
}
```

第 18 题的运行结果:

得 分	评卷人

三、编程题(9 分+9 分+10 分=28 分)

19. 编写程序,判断输入的数据是奇数还是偶数。

20. 编写程序,判断从键盘输入的数是小写字母、大写字母、数字、还是其他。

21. 有以下函数：

$$Y = \begin{cases} X & (-5<X<0) \\ X-1 & (X=0) \\ X+1 & (0<X<10) \end{cases}$$

编写程序，要求从键盘输入 X 的值，输出 Y 的值。

第4章 循环结构程序设计 阶段测试卷

（满分100分，考试时间100分钟）

题 号	一	二	三	总分
得 分				

得 分	评卷人

一、程序阅读题（每题6分，共48分）

1.
```
#include "stdio.h"
void main( )
{
int  i=-1,a=0;
while(i<5)
{  printf("a=%d,i=%d\n", a,i);
a+=2*i;
i+=2; }
printf("a=%d,i=%d\n", a,i);
}
```
第1题的运行结果：

2.
```
#include<stdio.h>
void main( )
{
int i=1;
for( ;i<=10;i++)
{  if(i%3= =0)
{   printf("\n");
break;    }
printf("%5d",i);   }
printf("\n");
}
```
第2题的运行结果：

3.
```
#include "stdio.h"
#include<stdio.h>
void main()
{ int i,j,k;
for(i=0;i<=3;i++)
{ for(j=0;j<=2-i;j++)
printf(" ");
for(k=0;k<=2*i;k++)
printf("*");
printf("\n");
}
}
```
第3题的运行结果：

4.
```c
#include "stdio.h"
void main( )
{   int i,j,x,y;
x=y=1;
for(i=1;i<=6;i++)
{   x+=2;
for(j=1;j<=5;j++)
y++;   }
printf("x=%d,y=%d\n", x,y);
}
```

第 4 题的运行结果：

5.
```c
#include "stdio.h"
void main( )
{   int i,j,x,y;   x=y=0;
for(i=1;i<=5;i++)
{   x=x+i;
y=y+1;
for(j=1;j<=4;j++)
{   y+=j;
x=x+i;   }
}
printf("%d,%d",x,y);
}
```

第 5 题的运行结果：

6.
```c
#include "stdio.h"
void main( )
{   int  i,j,x,y,k;
x=10;y=k=2;
for(i=1;i<4;i++)
{   x=x+i;
for(j=1;j<=i;j++)
{   y++;
k=k+j;   }
}
printf("x=%d,y=%d,k=%d \n", x,y,k);
}
```

第 6 题的运行结果：

7.
```c
#include<stdio.h>
void main( )
{   int i=15;
do
{switch(i%2)
{ case 1: i--; break;
case 0: i--; continue;     }
i=i-2;
printf("i=%d\n", i ); }while(i>0);
}
```

第 7 题的运行结果：

8.
```c
#include<stdio.h>
void main( )
{
int i,j,k=0,f;
for(i=5;i<=1000;i++)
{ f=0;
for(j=2;j<=i-1;j++)
{  if(i%j==0) { f=1;break; } }
if(f==0)k=k+1;
if(k==5){printf("%d",i);break;}
}
}
```

第8题的运行结果：

二、**程序填空题**（每题7分，共7分）

9. 有一组数规律如下：0, 5, 5, 10, 15, 25, 40, ，求出该数列第 *n* 项数值。
```c
#include<stdio.h>
main( )
{ int f1,f2,f,i,n;
f1=0,f2=5;                    //给定边界初值
printf("请输入要求的项：");
scanf("%d",_____①_____);
for(i=3;i<=n;i++)             //从第3项开始呈现规律性的变化
{_____①_____        _____②_____
}
printf("\n%d 项的值为%d",n,f);
}
```

三、**编程题**（每题9分，共45分）

10. 用 while 和 do/while 求 100 到 200 之间能同时被 5 和 8 整除数的和，并统计个数。

11. 编程求 *s*=1-1/2!+1/4!-1/6!+1/8! +1/*n*!的值（*n* 的值由键盘输入）。

12. 编程求 $s=1+(1+2)+(1+2+3)+(1+2+3+4)+\cdots+(1+2+3+\cdots+n)$ 的值（n 由键盘输入）。

13. 编程打印如下图形。

```
      7
     666
    55555
   4444444
    33333
     222
      1
```

14. 编程打印输出九九乘法表。

第5章 数组 阶段测试卷

（满分100分，考试时间100分钟）

题 号	一	二	三	总分
得 分				

得 分	评卷人

一、程序阅读题（每空8分，共48分）

1.
```
void main()
{  int i,k,a[10],p[3];
   k=5;
   for(i=0;i<10;i++)   a[i]=i;
   for(i=0;i<3;i++)
   p[i]=a[i*(i+1)];
   for)i=0;i<3;i++)   k+=p[i]*2;
   printf("%d\n",k);
}
```
第1题的运行结果：

2.
```
void main()
{  int a[3][3]={1,2,3,4,5,
       6,7,8,9};
   int k,m,s=0;
   for(k=0;k<=2;k++)
   for(m=0;m<=2;m++)
   {  if(k!=m)
   if(k!=2-m)
   {  printf("%d,%d,%d",k,m,a[k][m]);
   s+=a[k][m];
   }
   printf("\n");
   }
   printf("s=%d",s);
}
```
第2题的运行结果：

3.
```
#include "stdio.h"
void main()
{  int s[5][5],i,j;
   for(i=0;i<5;i++)
   s[i][0]=s[4][0]=1;
   for(i=1;i<5;i++)
   for(j=3;j>=0;j--)
   s[j][i]=s[j+1][i]+s[j][i-1];

   for(i=0;i<5;i++)
   {
```
第3题的运行结果：

```
    for(j=0;j<5;j++)
    printf("%4d",s[i][j]);
    printf("\n");
    }
    }
```

4.
```
    #include "tdio.h"
    void main()
    {  int a[8]={9,7,8,6,3,4,2,1},i,j,t;
    for(i=0;i<5;i++)
    for(j=0;j<7-i;j++)
    if(a[j]>a[j+1])
    {  t=a[j];a[j]=a[j+1];a[j+1]=t;}
    for(i=0;i<8;i++)
    printf("%3d",a[i]);
    }
```

第 4 题的运行结果：

5.
```
    #include "stdio.h"
    #include "math.h"
    void main()
    {  int a1[51]={0};
    int i,j,t,t2,n=50;
    for(i=2;i<=sqrt(n);i++)
    if(a1[i]==0)
    {  t2=n/i;
    for(j=2;j<=t2;j++)
        a1[i*j]=1;
    }
    t=0;
    for(i=2;i<=n;i++)
    if(a1[i]==0)
    {  printf("%4d",i);t++;
    if(t%10==0)   printf("\n");
    }
    printf("\n");
    }
```

第 5 题的运行结果：

6.
```
    #include "stdio.h"
    void main()
    {  int a[]={1,2,3,4,5},i,j,s=0;
    for(i=0;i<5;i++)s=s*10+a[i++];
    printf("s=%d\n",s);
    }
```

第 6 题的运行结果：

7.
```
    #include "stdio.h"
    #define N 8
    void main()
    {int
```

```
     a[N]={9,61,92,44,26,93,28,37};
     int i,j,k;
     for(i=1;i<N;i++)
     {  k=a[i];j=i-1;
     while(a[j]%10>k%10&&j>=0) {
     a[j+1]=a[j];
     j--;
     }
     a[j+1]=k;
     }
     for(i=0;i<N;i++)
     printf("%d\t",a[i]);
     }
```

第 7 题的运行结果：

8.
```
     void main()
     {
     int p[8]={11,12,13,14,15,16,17,18},i=0,j=0;
     while(i++<7)
     if(p[i]%2)   j+=p[i];
     printf("%d\n",j);
     }
```

第 8 题的运行结果：

得 分	评卷人

二、**程序填空题**（每题 12 分，共 24 分）

9. 下列程序实现的功能是将从键盘上输入的 10 个整数中的最大数与第 1 个数交换，最小数与最后第 1 个数交换，将次大数与第 2 个数交换，次小数与最后第 2 个数交换，如此反复，实现将 10 个数从大到小排列。请将程序补充完整。

```
     #include "stdio.h"
     void main()
     { int s[10],i,max,min,t;
     for(i=0;i<10;i++)
     _____①_____ ;
     for(i=0;i<5;i++)
     {
     _____②_____ ;
     for(j=i;j<=9-i;j++)
     {
     if(s[max]<s[j])   max=j;
     if(s[min]>s[j])   ____③____ ;
     }
     t=s[max];s[max]=s[i];s[i]=t;
     if(____④____) min=max;
     t=s[min];s[min]=s[9-i];s[9-i]=t;
     }
     for(i=0;i<10;i++)
     printf("%5d",s[i] );
```

}

10. 下列程序的功能是分析某次比赛成绩。已知某次比赛共有 10 组参赛小组，每组 12 名选手，各选手的成绩按组保存在数组 score[10][12]中，要求按每组总分降序的顺序输出选手成绩。请将程序补充完整。

```
#include "stdio.h"
#define M 10
#define N 12
void main()
{ float score[M][N+1]={0},p;
int i,j,t,k;
for(i=0;i<M;i++)
for(j=0;j<N;j++)
scanf("%f",_____①_____);
for(i=0;i<M;i++)
for(j=0;j<N;j++)
score[i][N]+=score[i][j];
for(i=0;i<M-1;i++)
{   t=i;
for(j=i+1;j<M;j++)
if(_____②_____) t=j;
if(t!=i)
for(k=0;k<=N;k++)
{_____③_____}
}
for(i=0;i<M;i++)
{
for(j=0;j<=N;j++)
printf("%6.1f",score[i][j]);
_____④_____;
}
}
```

三、编程题（每题 14 分，共 28 分）

11. 将二维数组 a[3][6]中的元素按列顺序放到一维数组 b[18]中。二维数组元素的值由键盘输入。

12. 随机产生 100 个[20，500]（包括两端）范围内的互不相同的整数，显示其中的素数。

第6章 字符数组和字符串 阶段测试卷

（满分100分，考试时间100分钟）

题 号	一	二	三	四	总分
得 分					

得 分	评卷人

一、单项选择题（每空2分，共10分）

1. 设有数组定义: char array[]="China"; 则数组 array 所占的空间为（　　）。
   A．4个字节　B．5个字节　C．6个字节　D．7个字节
2. 下列选项中错误的语句是（　　）。
   A．char a[]={'t','o','y','o','u','\0'};　B．char a[]={"toyou\0"};
   C．char a[]="toyou\0";　D．char a[]='toyou\0';
3. 若有以下语句，则正确的描述是（　　）。
   char a[]="toyou";
   char b[]={'t','o','y','o','u'};
   A．a数组和b数组的长度相同　B．a数组长度小于b数组长度
   C．a数组长度大于b数组长度　D．a数组等价于b数组
4. 已知：char a[15],b[15]={"I love china"}; 则在程序中能将字符串 I love china 赋给数组 a 的正确语句是（　　）。
   A．a="I love china";　　B．strcpy（b,a）;
   C．a=b;　　　　　　　D．strcpy（a,b）;
5. 已知：char a[20]= "abc",b[20]= "defghi";则执行下列语句后的输出结果为（　　）。
   printf("%d",strlen(strcpy(a,b)));
   A．11　B．6　C．5　D．以上答案都不正确

得 分	评卷人

二、程序阅读题（每题8分，共48分）

6. 写出下列程序的运行结果。
```
#include<stdio.h>
#include<string.h>
void main()
{ char arr[2][4];
strcpy(arr[0],"you");
strcpy(arr[1],"me");
arr[0][3]='&';
printf("%s\n",arr);
}
```

第6题的运行结果：

7. 写出下列程序的运行结果。
```
#include<stdio.h>
#include<string.h>
void main()
```

```
    { char a[]={ 'a','b','c','d','e',
'f','g','h','\0'};
      int i,j;
      i=sizeof(a);
      j=strlen(a);
      printf("i=%d,j=%d\n",i,j);
    }
```

第 7 题的运行结果：i=9,j=8

8. 写出下列程序的运行结果。
```
#include<stdio.h>
#include<string.h>
void main()
{char temp[10],str[5][10]={"China","U.S.A","Korea","Canada","England"};
 int i;
 strcpy(temp,str[0]);
 for(i=1;i<5;i++)
    if(strcmp(temp,str[i])>0)
       strcpy(temp,str[i]);
 printf("%s",temp);
}
```

第 8 题的运行结果：Canada

9. 若程序运行时，输入 2345↙，写出程序的运行结果。
```
#include<stdio.h>
#include<string.h>
void main()
{int i;
 while((i=getchar())!='\n')
 switch(i-'0')
 {case 4:putchar(i+1);
  case 3:putchar(i+3);break;
  case 2:putchar(i+5);
  case 1:putchar(i+7);break;
  default:putchar(i+2);
 }
 printf("\n");
}
```

第 9 题的运行结果：796577

10. 写出下列程序的运行结果。
```
#include<stdio.h>
void main()
{char s[2][12]={"Television","Computer"};
 int i,j,len[2];
 for(i=0;i<2;i++)
 {for(j=0;j<20;j++)
    if(s[i][j]=='\0')
    {len[i]=j;break;}
  printf("%-12s:%d\n",s[i],len[i]);
 }
}
```

第 10 题的运行结果：
Television :10
Computer   :8

11. 写出下列程序的运行结果。
```
#include "stdio.h"
#include "string.h"
void main()
{char a[]="Boot",b[]="Book";
 int i;
for(i=0;a[i]!='\0'&&b[i]!='\0';i++)
    if(a[i]==b[i])
       if(a[i]>='a'&&a[i]<='z')
          printf("%c",a[i]-32);
       else printf("%c",a[i]+32);
    else printf("&");
}
```

第 11 题的运行结果：

三、程序填空题（每题 6 分，共 12 分）

12. 下列程序的功能是：删除输入的字符串中字符"H'。请完善程序。
```
#include "stdio.h"
void  main()
{ char s[80];
int i,j;
gets(s);
for(i=j=0;_____①_____;i++)
    if(s[i]!='H')  _____②_____;
s[j]='\0';
puts(s);
}
```

13. 下列程序的功能是：把输入的十进制数以十六进制数的形式输出，请完善程序。
```
#include "stdio.h"
void  main()
{ char b[17]={"0123456789ABCDEF"};
int c[64],d,i=0,base=16;
long n;
printf("Enter a number:\n");
scanf("%ld",&n);
do
{ c[i]= _____①_____ ;
i++;
n=n/base;
}while(n!=0);
printf("Transmite new base:\n");
for(--i;i>=0;--i)
{ d=c[i];
printf("%c",_____②_____);
}
printf("\n");
```

}

得 分	评卷人

四、编程题（每题 10 分，共 30 分）

14．输入一个字符串，并输入一个字符，要求将字符串中出现的该字符删除。

15．输入若干个字符串放入二维数组 s 中，对 s 中字符串进行降序排序后输出，例如，分别输入"Chinese"、"Math"、"English"、"computer"、"electronics"字符串，排序后输出结果为："electronics"、"computer"、"Math"、"English"、"Chinese"。

16．输入一段由英文字母和其他字符组成的字符串，统计这段字段字符串中 26 个英文字母和其他符号出现的次数，其中英文字母不区分大小写，非英文字母的字符都作为其他字符。

第7章 函数 阶段测试卷

（满分100分，考试时间100分钟）

题 号	一	二	三	四	总分
得 分					

得 分	评卷人

一、单项选择题（每题2分，共10分）

1. C语言中，允许函数值类型缺省定义，此时该函数返回值隐含的类型是（　　）。
   A．int 型　B．long 型　C．float 型　D．double 型
2. C语言中，实参为变量时，它和对应形参之间的数据传递方式是（　　）。
   A．地址传递　　B．值传递
   C．双向传递　　D．传递方式由用户指定
3. 下列说法正确的是（　　）。
   A．实参与其对应的形参共占用一个存储单元
   B．实参与其对应的形参各自占用独立的存储单元
   C．实参与其对应的形参同名时，共占用一个存储单元
   D．形参是虚拟的，不占用存储单元
4. C语言中，如果变量存储类型缺省定义，此时该变量的类型是（　　）。
   A．static 型　B．register 型　C．extern 型　D．auto 型
5. 以下说法错误的是（　　）。
   A．函数调用可以作为另一个函数调用时的实际参数
   B．函数调用可以单独作为语句使用
   C．返回值的类型由函数定义时的类型决定
   D．返回值的类型由返回语句中的表达式类型决定

得 分	评卷人

二、程序阅读题（每题8分，共48分）

6.
```
#include "stdio.h"
int f(int a,int b)
{ int c;
if(a>0&&a<10) c=(a+b)/2;
else c=a*b/2;
return c;
}
void main()
{ int a=8,b=20,c;
c=f(a,b);
printf("c=%d\n",c);
}
```

第6题的运行结果:

7.
```c
#include "stdio.h"
void main()
{ char c;
int i;
char count();
int p(char);
for(i=0;i<10;i++)
c=count();
p(c);
}
char count()
{ char str='E';
str+=1;
return(str);
}
p(char c)
{ putchar(c);
putchar('\n');
}
```

第7题的运行结果：

8.
```c
#include "stdio.h"
test1()
{int x=0;
 x++;
 return x;
}
test2()
{static int x=0;
 x++;
 return x;
}
void main()
{ int i,m,n;
for(i=0;i<3;i++)
{m=test1();
 n=test2();
}
printf("m=%d,n=%d\n",m,n);
}
```

第8题的运行结果：

9.
```c
#include<stdio.h>
int m=14,n=26;
int max(int x,int y)
{int max;
 max=x>y?x:y;
 return max;
}
void main()
{int m=32;
 printf("m=%d,n=%d,max=%d\n",m,n,max(m,n));
```

第9题的运行结果：

}

10.
```
#include<stdio.h>
void del(char s[],char ch)
{int i,j;
 for(i=j=0;s[i]!='\0';i++)
  if(s[i]!=ch)
   s[j++]=s[i];
   s[j]='\0';
}
void main()
{char str[]="CANADA";
 del(str,'A');
 puts(str);
}
```

第10题的运行结果：

11.
```
#include<stdio.h>
long fib(int g)
{switch(g)
{case 0:return 0;
 case 1:
 case 2:return 1;
}
return(fib(g-1)+fib(g-2));
}
void main()
{long s;
 s=fib(6);
 printf("s=%d\n",s);
}
```

第11题的运行结果：

得 分	评卷人

三、程序填空题（每题6分，共12分）

12. 下面的函数 fun 的功能是：将形参 x 的值转换成二进制数，所得二进制数的每一位放在一维数组中返回，二进制的最低位放在下标为 0 的元素中，其他以次类推，请完善程序。

```
#include<stdio.h>
int k=0;
fun(int num,int b[])
{int r;
 do
 { r=num%2;
   b[_____①_____]=r;
   _____②_____ ;
 } while(num);
}
void main()
```

```
{int n,i,a[10];
printf("请输入一个整数：");
scanf("%d",&n);
fun(n,a);
for(i=--k;i>=0;i--)
printf("%d",a[i]);
printf("\n");
}
```

13. 下面函数fun的功能是：将一个字符串的内容颠倒过来。如输入abcde,则输出edcba。请完善程序。

```
#include<stdio.h>
#include<string.h>
void fun(____①____)
{int i,j;
char k;
for(i=0,j=____②____;i<j;i++,j--)
{k=str[i];
str[i]=str[j];
str[j]=k;
}
}
void main()
{char s[20];
printf("请输入一个字符串：");
gets(s);
printf("原字符串：");
puts(s);
fun(s);
printf("变换后的字符串：");
puts(s);
}
```

得 分	评卷人

四、编程题（每题10分，共30分）

14．编写程序实现将八进制整数转换为十进制整数。转换的过程用函数实现。

15．编写 int link(char s3[],char s1[],char s2[])函数,将字符串s2连接到s1后,存入s3中。函数返回字符串s3的长度。

```
int link(char s3[],char s1[],char s2[])
{

}
```

16．用函数递归调用的方法求两个整数（m，n）的最大公约数。

第8章 文件 阶段测试卷

（满分100分，考试时间100分钟）

题 号	一	二	三	四	总分
得 分					

得 分	评卷人

一、单项选择题（每题2分，共10分）

1. 下列语句中，将变量 fp 定义为文件类型指针的是（   ）。
   A．FILE fp; B．FILE *fp; C．file fp; D．file *fp;
2. 若有定义 FILE *fp;，则关闭文件的命令是（   ）。
   A．fclose(fp); B．fclose(*fp); C．close(fp); D．close(*fp);
3. 以下与函数 fseek(fp,0L,SEEK_SET);有相同作用的是（   ）。
   A．feof(fp); B．ftell(fp); C．rewind(fp); D．fgetc(fp);
4. 写入二进制文件的函数调用形式为：fwrite(buffer,size,count,fp);，其中 buffer 代表的是（   ）。
   A．一个内在块的字节数
   B．一个文件指针，指向待写入的文件
   C．一个整型变量，代表待写入的数据的字节数
   D．一个内存块的首地址，代表写入数据存放的地址
5. 若要打开 D 盘上的 user 子目录下名为 xyz.dat 的文本文件进行读、写操作，下面符合要求的函数调用是（   ）。
   A．fopen("D:\\user\\xyz.dat", "w")
   B．fopen("D:\\user\\xyz.dat","r")
   C．fopen("D:\\user\\xyz.dat","r+")
   D．fopen("D:\\user\\xyz.dat","rb")

得 分	评卷人

二、程序阅读题（每题10分，共40分）

6. 写出下列程序运行结果。
```
#include<stdio.h>
void main()
{FILE *fp;
int i;
char ch[]="123\045\06",c;
fp=fopen("file6.dat","wb+");
for(i=0;i<4;i++)
fwrite(&ch[i],1,1,fp);
fseek(fp,-2,SEEK_END);
fread(&c,1,1,fp);
```

第6题的运行结果：

```
    fclose(fp);
    printf("%c\n",c);
    }
```

7. 写出下列程序运行结果。
```
#include<stdio.h>
void main()
{FILE *fp;
int i,m=0,n=0;
fp=fopen("file7.dat","w");
for(i=10;i<20;i++)
fprintf(fp,"%d\n",i);
fclose(fp);
fp=fopen("file7.dat","r");
fscanf(fp,"%d%d",&m,&n);
printf("%d,%d\n",m,n);
fclose(fp);
}
```

第 7 题的运行结果：

8. 若文件"file8.dat"中的内容为 AB12ab，写出下列程序的运行结果。
```
#include<stdio.h>
void main()
{FILE *fp;
char ch;
fp=fopen("file8.dat","r");
while(!feof(fp))
{ch=fgetc(fp);
if(ch>='0'&&ch<='9')
ch+=2;
if(ch>='a'&&ch<='z')
ch-=32;
putchar(ch);
}
fclose(fp);
}
```

第 8 题的运行结果：

9. 若文件"file9.dat"中的内容为 1234ABCDEFGH，写出下列程序的运行结果。
```
#include<stdio.h>
void main()
{FILE *fp;
char str[20];
fp=fopen("file9.dat","r");
fgets(str,7,fp);
puts(str);
fclose(fp);
}
```

第 9 题的运行结果：

得 分	评卷人

三、程序填空题（每空 3 分，共 18 分）

10. 下列程序的主要功能是：将从键盘输入的字符串（用#作为字符串结束标志）写入

到文件"file10.dat"中。请完善程序。
```
#include<stdio.h>
void main()
{FILE *fp;
char ch;
if((fp=fopen("file10.dat","w"))==NULL)return;
while(_____①_____)
fputc(ch,fp);
_____②_____;
}
```

11. 下列程序的功能是：将名为"file10.dat"文件中的内容复制到名为"file11.dat"的文件中。请完善程序。
```
#include<stdio.h>
void main()
{FILE *fp1,*fp2;
char ch;
fp1=fopen("file10.dat","r");
fp2=fopen("file11.dat","w");
ch=_____①_____;
while(ch!=EOF)
{_____②_____;
ch=fgetc(fp1);
}
fclose(fp1);
fclose(fp2);
}
```

12. 下列程序的主要功能是：统计文件"file12.dat"中字符个数。请完善程序。
```
#include<stdio.h>
#include<stdlib.h>
void main()
{FILE *fp;
int num=0;
char ch;
if((_____①_____)==NULL)
{printf("Can't open file.\n");
exit(1);}
ch=fgetc(fp);
while(_____②_____)
{num++;
ch=fgetc(fp);
}
printf("num=%d\n",num);
fclose(fp);
}
```

得 分	评卷人

四、编程题（第 13，14 题每题 10 分，第 15 题 12 分，共 32 分）

13．编程读取文件"file13.dat"中的内容，并在屏幕上显示。

14．编程实现在文本文件"file14.dat"末尾添加一串字符。

15．编程输出杨辉三角形，并使用 fprintf 函数将数据保存在文件"file15.dat"中。

C语言综合测试卷（一）

（满分100分，考试时间100分钟）

题 号	一	二	三	总分
得 分				

得 分	评卷人

一、程序阅读题（每题8分，共48分）

1.
   ```
   #include <stdio.h>
   void main()
   {int j,k,s;
   s=1;
   for(j=0;j<3;j++)
   for(k=0;k<3;k++)
   s=s+1;
   printf("s=%d,k=%d\n",s,k);
   }
   ```
   第1题的运行结果：

2.
   ```
   #include<stdio.h>
   void main()
   {int a,b,c;
   for(a=1;a<6;a++)
   {b=0;
   for(c=a;c<6;c++)b+=c;
   }
   printf("b=%d,c=%d\n",b,c);
   }
   ```
   第2题的运行结果：

3.
   ```
   #include<stdio.h>
   void main()
   {int y=9,n=0;
   for(;y>0;y--)
   if(y%4==0)
   {printf("%d, ",-y);n++;continue;}
   printf("%d\n",n);
   }
   ```
   第3题的运行结果：

4.
   ```
   #include <stdio.h>
   void main()
   {int a[]={4,5,6,7,8};
   int y=0,i;
   for(i=0;i<3;i++)
   ```
   第4题的运行结果：

```
      y+=a[i+1];
      printf("y=%d\n",y);
      }
```

5.
```
   #include <stdio.h>
   void main()
   {int a=0,i;
   for(i=0;i<7;i++)
   {switch(i)
   {case 0:break;
   case 3:a++;break;
   case 1:break;
   case 2:a+=2;
   default:a+=3;
   }
   }
   printf("a=%d\n",a);
   }
```

第 5 题的运行结果：

6.
```
   #include <stdio.h>
   int func(int a,int b);
   void main()
   {int k=4,m=1,p;
   p=func(k,m);
   printf("%d,",p);
   p=func(k,m);
   printf("%d",p);
   }
   int func(int a,int b)
   {static int m=0,i=2;
   i+=m+1;
   m=i+a+b;
   return m;
   }
```

第 6 题的运行结果：

得 分	评卷人

二、**程序填空题**（每空 2 分，共 12 分）

7. 下列程序可实现从键盘输入整数，统计其中大于 0 的整数的和以及小于 0 的整数的个数，分别用变量 x,y 进行统计，用整数 0 结束循环。请填空。
```
   #include<stdio.h>
   void main()
   {int n,x,y;
   x=y=0;
   scanf("%d",&n);
   while _____
   {if(n>0) _____
   else if(n<0) _____
```

```
       scanf("%d",&n);
   }
   printf("x=%d,y=%d\n",x,y);
}
```

8. 以下程序输入 16 个整数给一个 4×4 的矩阵，然后求出此矩阵两条对角线元素之和。请填空。

```
#include <stdio.h>
void main()
{int a[4][4],sum1=0,sum2=0;
int i,j;
for(i=0;i<4;i++)
for(j=0;j<4;j++)
scanf(" %d", _____);
for(i=0;i<4;i++)
{sum1+= _____
sum2+= _____
}
printf("sum1=%d,sum2=%d",sum1,sum2);
}
```

得 分	评卷人

三、编程题（每题 10 分，共 40 分）

9. 采用二重循环结构编程打印出如下图形。（注：第一行图形在第 20 列输出）

```
                   ******
                    *****
                     ****
                      ***
                       **
                        *
```

10. 编程求 $s=1/1!-1/2!+1/3!-1/4!+ \cdots -1/n!$ 的值。n 从键盘输入，$5 \leq n \leq 10$。结果保留三位小数点。

11. 编程打印输出 10 到 99 之间的所有素数。要求每行打印输出 10 个数。

12．从键盘上输入 10 个整数，要求按降序排列输出。（用冒泡法排序），并将最后结果存入文件"px.dat"中。

C 语言综合测试卷（二）

（满分 100 分，考试时间 100 分钟）

题 号	一	二	三	总分
得 分				

得 分	评卷人

一、程序阅读题（每题 8 分，共 48 分）

1.
```c
#include <stdio.h>
void main()
{ int i,j,s=0;
for(i=1;i<4;i++)
{ s=0;
for(j=i;j>0;j--)
s+=i*j;
}
printf("j=%d,s=%d\n",j,s);
}
```
第1题的运行结果：

2.
```c
#include<stdio.h>
int fun(int x)
{ static int a=3;
a+=x;
return a;
}
void main( )
{ int k=2,m=1,n;
n=fun(k);
printf("n=%d\n",n);
n=fun(m);
printf("n=%d\n",n);
}
```
第2题的运行结果：

3.
```c
#include<stdio.h>
void main()
{ int a,b;
for(a=1,b=1;a<=100;a++)
{ if(b>=20)
break;
if(b%3==1)
b+=3;
continue;
}
```
第3题的运行结果：

```
      b-=5;
      printf("%d,%d\n",a,b);
      }
```

第 4 题的运行结果：

4.
```
    #include<stdio.h>
    void main()
    {int i,x[][3]={0,1,2,3,4,5,6,7,8};
    for(i=1;i<3;i++)
    printf("%4d",x[i][2-i]);
    }
```

5.
```
    #include <stdio.h>
    #include <string.h>
    void main()
    {
    char p[20]={'a','b','c','d'};
    char q[]="ijklmno";
    char r[]="vwxyz";
    strcpy(p,r);
    strcat(p,q);
    printf("%d%d\n",strlen(r)*4,strlen(p));
    }
```

第 5 题的运行结果：

6.
```
    #include <stdio.h>
    func(int n)
    {
    int i,j=1;
    for(i=1;i<=n;i++)
    j=j*i;
    return(j);
    }
    void main()
    {
    int  i=1,s=0;
    while(i<=5)
    {
    s+=func(i);
    printf("%d,%d\n",func(i),s);
    i+=3;
    }
    }
```

第 6 题的运行结果：

得 分	评卷人

二、程序填空题（每空 2 分，共 12 分）

7. 已知能被 4 整除而不能被 100 整除的或者能被 400 整除的年份是闰年，从键盘上输入一个年份，判断该年份是否是闰年。请仔细阅读并空白处完善程序。
```
    #include<stdio.h>
```

```
void main()
{
int year,leap;
scanf("%d",&year);
if( ①_____ )
leap=1;
else
leap=0;
if( ②_____ )
printf("%d 年是闰年.",year);
else
printf("%d 年不是闰年.",year);
}
```

8. 阅读下列程序，在空白处完善程序。

```
#include<stdio.h>
void main()
{int i,j,n,a[10][10]={0};
printf("请输入一个小于 10 的整数:\n");
scanf("%d", ①_____ );
for(i=0;i<n;i++)
{a[i][0]=1;
_____②_____ ;}
for(i=2;i<n;i++)
for(j=1;j<i;j++)
a[i][j]=_____③_____ ;
for(i=0;i<n;i++)
{
for(j=0;j<=i;j++)
printf("%4d",a[i][j]);
_____④_____ ;
}
}
```

程序运行时，输入:
5 ✓
结果如下:
1
1 1
1 2 1
1 3 3 1
1 4 6 4 1

得 分	评卷人

三、编程题（每题 10 分，共 40 分）

9. 采用二重循环结构编程打印出如下图形。（注：第一行图形首字符在第 10 列输出）

```
        *****
         ****
          ***
           **
            *
           **
          ***
         ****
        *****
```

10. 编程求 $s=1+(1+2)+(1+2+3)+(1+2+3+4)+\ \ +(1+2+3+\ \ +n)$ 的值。n 为一个从键

盘输入的整数，且 3≤n≤10。

11．从键盘上输入两个整数 a，b，用辗转相除法编程求出它们的最大公约数 gys。

12．从键盘上输入 20 个整数，用选择法将它们按从小到大的顺序排列输出，要求每行输出 10 个数，并将最后的结果保存到文件"px2.dat"中。

测试卷参考答案

第1、2章 测试卷参考答案

一、程序阅读题

1. a+b=5
   c/d=2.000000
   ba=1
   4.000000
   3.750000
2. 97   100
   a
       d
3. x 的值是 250
   y 的值是 13
   13,14
   x+y+z=274
4. a=6
   b=5
   c=11
5. x=5
   y=7
   z=10
6. -6,-5
   -1，-1
7. 略
8. 略

二、程序填空题

9. ①scanf("%d,%d",&a,&b);   ②(a+b)/2
10. ①float c,f;   ②(f-32)/1.8

三、编程题

11.
```
#include<stdio.h>
#define PI 3.1415
void main( )
{   float r=3.0,h=8.2,l,s,v;
l=2*PI*r;
s=PI*r*r;
v=s*h;
printf("周长=%.2f, 面积=%.2f, 体积=%.2f",l,s,v);
}
```

12.
```
#include<stdio.h>
void main( )
{   int a,b,min;
scanf("%d,%d",&a,&b);
```

```
min=a<b?a:b;
printf("最小值=%d",min);
}
```

13.
```
#include<stdio.h>
void main( )
{  int a,b,c,d,e,sum,pj;
scanf("%d,%d,%d,%d,%d",&a,&b,&c,&d,&e);
sum=a+b+c+d+e;
pj=sum/5;
printf("总分=%d, 平均分=%d",sum,pj);
}
```

第3章 测试卷参考答案

一、选择题

1. C 2. B 3. B 4. B 5. A 6. B 7. D 8. C 9. B 10. A 11. A 12. C

二、程序阅读题

13. !#&

14. 321

15. B
    OK

16. 20

17. 4:05PM

18. 8

三、编程题

19.
```
#include <stdio.h>
void main()
{
int i;
printf("请输入一个数 ");
scanf("%d",&i);
if(i%2==0)
printf("该数是偶数");
else
printf("该数是奇数");
}
```

20.
```
#include <stdio.h>
void main()
{
char c;
printf("请输入一个字符 ");
scanf("%c",&c);
if(c>=65&&c<=90)
printf("大写字母");
```

```
    else if (c>=97&&c<=122)
    printf("小写字符");
    else if (c>=48&&c<=57)
    printf("数字");
    else
    printf("其他");
    }
```

21.
```
    #include <stdio.h>
    void main()
    {
    float x,y;
    printf("请输入 x 的值 ");
    scanf("%f",&x);
    if(x>-5)
    {
    if(x<0)
    y=x;
    else if(x==0)
    y=x-1;
    else
    if (x<10)
    y=x+1;
    }
    printf("y=%f",y);
    }
```

第4章 测试卷参考答案

一、程序阅读题

1. a=0,i=-1
   a=-2,i=1
   a=0,i=3
   a=6,i=5
2.   1   2
3.   *
      ***
     *****
    ****
4. x=13,y=31
5. 75,55
6. x=16,y=8,k=12
7. i=12
   i=8
   i=4
   i=0
8. 17

二、程序填空题

9. ①f=f1+f2; ②f1=f2; ③f2=f;

三、编程题

10.
```c
#include<stdio.h>
void main( )
{
int i=100, n=0,s=0;
do
{
if(i%5==0&&i%8==0){   n++;   s+=i;   }
}while(i<=200);
printf("s=%d,n=%d",s,n);
}
#include<stdio.h>
void main( )
{
int i=100, n=0,s=0;
while(i<=200)
if(i%5==0&&i%8==0){   n++;   s+=i;   }
printf("s=%d,n=%d",s,n);
}
```

11.
```c
#include<stdio.h>
void main()
{ int i,n;
scanf("%d",&n);
float t=1,s=1;
for(i=1;i<=n;i+=2)
{   t*=i*(i+1);
s+=1/t;
t=-t;
}
printf("%f\n",s);
}
```

12.
```c
#include<stdio.h>
void main()
{ int i,n;
scanf("%d",&n);
float t=0,s=0;
for(i=1;i<=n;i++)
{   t+=i;
s+=t;
}
printf("%f\n",s);
}
```

13.
```c
#include<stdio.h>
#include<math.h>
```

```
main()
{int i,j,k,n=8;
 for(i=-3;i<=3;i++)
 { n--;
 for(k=1;k<=abs(i);k++)
   printf("");
 for(j=1;j<=7-2*abs(i);j++)
   printf("%d",n);
 printf("\n");
 }
 }
```

14.
```
#include <stdio.h>
void main( )
{  int i= 1 ,j;
 printf("\n");
 do
   {  for(j=1;j<=i; j++)
       printf("%2d*%d=%-3d",i,j,i*j);
 printf("\n");
 i++;
 } while(i<10);
 }
```

第5章　测试卷参考答案

一、程序阅读题

1. 21
2. 0，1，2
   1，0，4
   1，2，6
   2，1，8
   S=20
3. 1   5   15   35   70
   1   4   10   20   35
   1   3   6   10   15
   1   2   3   4   5
   1   1   1   1   1
4. 3 2 1 4 6 7 8 9
5. 2   3   5   7   11   13   17   19   23   29
   31 37 41 43 47
6. s=135
7. 61   92   93   44   26   37   28   9
8. 45

二、程序填空题

9. ① scanf("%d",&s[i])
   ② max=min=i
   ③ min=j

④min==i
10. ①&score[i][j]
②score[t][N]<score[j][N]
③p=score[t][k];
score[t][k]=score[i][k];
score[i][k]=p;
④printf("\n")

三、编程题
略

第6章 测试卷参考答案

一、单项选择题
1．C   2．D   3．B   4．A   5．B
二、程序阅读题
6．you&me
7．i=9,j=8
8．Canada
9．796577
10．Television :10
Computer   :8
11．bOO&
三、程序填空题
12．①s[i]!='\0'   ②s[j++]=s[i]
13．①n%base   ②b[d]
四、编程题
略

第7章 测试卷参考答案

一、单项选择题
1．A   2．B   3．B   4．D   5．D
二、程序阅读题（每题8分，共48分）
6．c=14
7．F
8．m=1,n=3
9．m=32,n=26,max=32
10．CND
11．s=8
三、程序填空题
12．①k++   ②num=num/2 或 num/=2
13．①char str[]   ②strlen(str)-1
四、编程题
略

第8章 测试卷参考答案

一、单项选择题

1. B   2. A   3. C   4. D   5. C

二、程序阅读题

6. 3

7. 10，11

8. AB34AB

9. 1234AB

三、程序填空题

10. ①(ch=getchar())!='#'   ②fclose(fp)

11. ①fgetc(fp1)   ②fputc(ch,fp2)

12. ①fp=fopen("file12.dat","r")   ②ch!=EOF 或!feof(fp)

四、编程题

略

综合测试卷（一）参考答案

一、程序阅读题

1. s=10，k=3（每项4分，格式错扣2分）

2. b=10，c=3（每项4分，格式错扣2分）

3. 8，5，2，3（每项2分，格式错扣2分）

4. y=18（格式错扣2分）

5. a=15（格式错扣2分）

6. 8，17（每项4分，格式错扣2分）

二、程序填空题

7. (n!=0)   x+=n;   y+=1;

8. &a[i][j]   a[i][i];   a[i][3-i];

三、编程题

9.
```
#include<stdio.h>
void main()
{int i,j;
for(i=1;i<=5;i++)
{ for(j=1;j<=20-i;j++)
printf(" ");
for(j=1;j<=2*i-1;j++)
printf("*");
printf("\n");
}
}
```

10.
```
#include <stdio.h>
void main()
{int i,j,n,f=1;
float p,s=0;
```

```
printf("请输入一个整数n:\n");
scanf("%d",&n);
for(i=1;i<=n;i++)
{
p=1;
for(j=1;j<=i;j++)
p=p*j;
s=s+f/p;
f=-f;
}
printf("s=%.3f\n",s);
}
```

11.
```
#include<stdio.h>
#include<math.h>
void main()
{int i,j,flag,n=0;
for(i=10;i<=99;i++)
{flag=1;
for(j=2;j<=sqrt(i);j++)
if(i%j==0){flag=0;continue;}
if(flag==1){printf("%4d",i);n++;}
if(n%10==0)printf("\n");
}
}
```

12.
```
#include<stdio.h>
void main()
{FILE *fp;
int i,j,t,a[10];
fp=fopen("px.dat","w");
for(i=0;i<10;i++)
scanf("%d",&a[i]);
for(i=0;i<9;i++)
for(j=0;j<9-i;j++)
if(a[j]<a[j+1]){t=a[j];a[j]=a[j+1];a[j+1]=t;}
for(i=0;i<10;i++)
{printf("%d\t",a[i]);
fprintf(fp,"%d\t",a[i]);
fclose(fp);
}
}
```

综合测试卷（二）参考答案

一、程序阅读题

1. j=0，s=18　　（每项4分，格式错扣2分）
2. n=5
   n=6　　（每项4分，格式错扣2分）
3. 8,17　　（每项4分，格式错扣2分）

4. 4　6　　　　　（每项4分，格式错扣2分）
5. 2012　　　　　（20与12每项4分，格式错扣2分）
6. 1，1
   24，25　　　　（每行4分，格式错扣2分）

二、程序填空题

7. ①year%4==0&&year%100!=0||year%400==0　　②leap==1
8. ①&n　　②a[i][i]=1　　③a[i-1][j-1]+a[i-1][j]　　④printf("\n")

三、编程题

9.
```
#include<stdio.h>
#include<math.h>
void main()
{int i,j;
for(i=-4;i<=4;i++)
{for(j=0;j<=4+abs(i);j++)
printf(" ");
for(j=0;j<=abs(i);j++)
printf("*");
printf("\n");
}
}
```

10.
```
#include <stdio.h>
void main()
{int i,j,p,n,s=0;
printf("请输入n:");
do
scanf("%d",&n);
while(n<3||n>10);
for(i=1;i<=n;i++)
{p=0;
for(j=1;j<=i;j++)
p=p+j;
s=s+p;
}
printf("s=%d\n",s);
}
```

11.
```
#include<stdio.h>
void main()
{int a,b,r,gys;
printf("从键盘输入两个整数a,b:");
scanf("%d%d",&a,&b);
r=a%b;
while(r!=0)
{a=b;b=r;r=a%b;}
gys=b;
```

```
      printf("gys=%d\n",gys);
    }
12.
    #include<stdio.h>
    #include<math.h>
    void main()
    {
    FILE *fp;
    int i,j,p,t,a[20];
    fp=fopen("px2.dat","w");
    printf("输入20个数：");
    for(i=0;i<20;i++)
      scanf("%d",&a[i]);
    for(i=0;i<19;i++)
    {p=i;
    for(j=i+1;j<20;j++)
    if(a[p]>a[j]) p=j;
    if(p!=i) {t=a[i];a[i]=a[p];a[p]=t;}
    }
    for(i=0;i<20;i++)
    {printf("%4d",a[i]);
     if((i+1)%10==0)printf("\n");
     fprintf(fp,"%4d",a[i]);
     if((i+1)%10==0)fprintf(fp,"\n");
    }
    }
```

巩固练习参考答案

第1章 C语言基础知识

1. 略

第2章 顺序结构程序设计

2.1 运算符及表达式

一、单项选择题

1. C　　2. C　　3. B　　4. D　　5. B
6. B　　7. B　　8. C　　9. D　　10. A

二、填空题

11. a*a-b*b
12. 4
13. 8
14. 5.5

三、程序阅读题

15. −5　7　4
    7
    8　7
    8
    −5
    −4　8
    0
    1

16. −6, −5
    −1, −1

四、编程题

17.
```
# include<stdio.h>
void main()
{
int a,b,c;
scanf("%d,%d,%d",&a,&b,&c);
printf("a+b+c=%d\n",a+b+c);
}
```

18.
```
# include<stdio.h>
void main()
{
int x,a,b,c;
scanf("%d",&x);
a=x%10,b=x\100,c=x/10%10;
x=a*100+c*10+b;
printf("%d\n",x);
}
```

2.2 格式化输入、输出语句
一、写出下列程序运行结果
1.
注意输入的格式，思考原因
2y=8
X+y=10
1.680000，一位小数：1.7　　三位小数 1.680
1.987654，2.0，1.988
2
108，154，6c
108
A
A
97
A
hello
hello
　hello
hello
hello
hello
hello

4.835000
4.8
4.8
4.84
756

二、编程题
3.
```
# include<stdio.h>
void main()
{  float s,pj,a,b,c,d;
 scanf("%f , %f , %f , %f ",&a,&b,&c,&d);
 s=a+b+c+d;
 pj=s/4;
 printf("s=%.1f,pj= %.1f \n",s,pj);
}
```

4.
```
# include<stdio.h>
#define PI 3.14
void main( )
{  float r,h,s,v;
 scanf("%f , %f ",&r,&h);
 s=PI*r*r;
 v=s*h;
```

```
        printf("s=%.2f,v= %.2f \n",s,v);
    }
```

第 3 章 选择结构程序设计

3.1 if 语句

一、单项选择题

1. B   2. C   3. C   4. B   5. C   6. B   7. B

二、程序阅读题

8. 3
9. 分别为 1 和 2
10. 0.200000

三、编程题

11.
```
#include<stdio.h>
void main( )
{ int month,price=80;
  float discount,price_now;
  scanf("%d",&month);
  if(month<=3)
  discount=0.6;
  else if(month<=6)
  discount=0.8;
  else if(month<=9)
  discount=1;
  else if(month<=12)
  discount=0.8;
  else
  printf("月份输入错误！");
  price_now=price*discount;
  printf("即时门票价格为:%f",price_now);
}
```

12.
```
#include<stdio.h>
void main( )
{ int count,price=12800;
  float discount,total;
  scanf("%d",&count);
  if(count>=20)
  discount=0.88;
  else if(count>=10)
  discount=0.9;
  else if(count>=2)
  discount=0.95;
  else
  discount=1;
  total=price*discount*count;
  printf("总费用:%f",total);
}
```

13.
```
#include<stdio.h>
void main( )
{ int a,b,c,t;
scanf("%d,%d,%d",&a,&b,&c);
if(a>b)
{t=a;
a=b;
b=t;
}
if(a>c)
{
t=a;
a=c;
c=t;
}
if(b>c)
{
t=b;
b=c;
c=t;
}
printf("%d,%d,%d",a,b,c);
}
```

3.2 switch 语句

一、单项选择题
1. B 2. A 3. C

二、程序阅读题
4. 今天是星期五   5. 0.6   6. K=6
7. 结果分别为 k=5
k=4
k=12
k=12
k=6

8. 结果分别为：this is 'Y' or 'y'
　　　　　　　this is 'N' or 'n'

三、编程题
9.
```
#include <stdio.h>
void main()
{
char c;
scanf("%c",&c);
switch(c)
{case 'A':printf("该生得分大于 90 分"); break;
case 'B':printf("该生得分在 80-90 之间"); break;
case 'C':printf("该生得分在 70-80 之间"); break;
```

```
         case 'D':printf("该生得分在 60-70 之间"); break;
         case 'E':printf("该生得分小于 60 分"); break;
         default:printf("输入错误");
         }
     }
```

10.
```
    #include <stdio.h>
    void main()
    {
    int x,y;
    scanf("%d",&x);
    if(x<0)
    x=-1;
    else if(x==0)
    x=0;
    else
    x=1;
    switch(x)
    {case -1:y=-1; break;
    case 0:y=0; break;
    case 1:y=1; break;
    default:printf("错误");
    }
    printf("%d",y);
    }
```

3.3 分支语句嵌套
一、单项选择题
1.C   2.A   3.C   4.B   5.B

二、程序阅读题
6.   **A**
     C

7. 3

8. #&

9. a=2,b=1

三、程序填空题
10. ①r1=1.35   ②'e'   ③r1*r2*a
11. ①len=31   ②len=29   ③len=28
12. ①x   ②x%9==0   ③7*x

四、编程题
13.
```
    #include<stdio.h>
    void main( )
    { float p,m;
    scanf("%f",&m);
    if(m<200)
    p=5;
    else
```

巩固练习参考答案   53

```
    if(m<500)
    p=m*0.05;
    else
    if(m<1000)
    p=m*0.1;
    else
    p=m*0.15;
    printf("购书券金额为:%f",p);
    }
```

14.
```
    #include<stdio.h>
    void main( )
    { int x;
    float r,t,a,b;
    scanf("%f",&a);
    x=(int)a/1000;
    if(x>=5)
    x=5;
    switch(x)
    {case 0:
    case 1: r=0; break;
    case 2: r=0.05;break;
    case 3: r=0.08;break;
    case 4: r=0.1;break;
    case 5: r=0.15;break;
    }
    t=a*r;
    b=a-r;
    printf("税率为%f,应交税款为%f,实得奖金为%f",r,t,b);
    }
```

第4章 循环结构程序设计

4.1 while 和 do/while 循环语句

一、阅读程序并完成填空

1．循环变量：i   循环体语句： if(i%2==0) s+=i ; i++;   循环控制条件：i<100，程序的功能：求 100 以内所有偶数和

二、程序阅读题

2．i=11,s=55

3．第①个程序：a=1,i=4

   第②个程序：a=1,i=4

              a=9,i=7

三、编程题

4.
```
    #include "stdio.h"
    void main( )
    { int i=1,s=0,n;
    scanf("%d",&n);
```

```
   while(i<=n)
   {  s+=i;
   i++;  }
   printf("s=%d\n",s);
   }
```

5.
```
   #include "stdio.h"
   void main( )
   {  int  i=1; long s=1;
   while(i<=10)
   {  s*=i;
   i++;  }
   printf("s=%ld\n",s);
   }
```

6.
```
   #include "stdio.h"
   void main( )
   {  int  i=5, s=0,n=0;
   while(i<=55)
   {  if(i%2==0){s+=i;  n++;  printf("%4d",i);}
   i++;
   if(n%5==0)printf("\n");
   }
   printf("s=%d \n",s);
   }
```

7.
```
   #include "stdio.h"
   void main( )
   {  int  i=100, s=0,n=0;
   while(i<=200)
   {  if(i%3==0&& i%5==0) { s+=i;  n++; }
   i++;
   }
   printf("s=%d,n=%d \n",s,n);  }
```

8.
```
   #include "stdio.h"
   void main( )
   {  int  i=1;float t,s=0;
   while(i<=20)
   {  t=1.0/i;
   s+=t;
   i++;
   }
   printf("s=%f \n",s);
   }
```

9.
```
   #include "stdio.h"
   void main( )
   {  int  i=1;float t,s=0;
```

```
   while(i<=20)
   {  t=i/(i+1.0);
      s+=t;
      i++;
   }
   printf("s=%f \n",s);
   }
```

4.2 for 循环语句
一、读程序、完成填空
1. ①i<1000，②b=i/10%10 或 b=i%100/10;
2. ①long f1,f2; ②i++; ③ printf("\n"); ④f2=f1+f2;

二、编程题
3.
```
#include<stdio.h>
void main()
{  int i,s=0,n=0;
   for(i=10;i<100;i+=2)
   {  printf("%4d\n",i);
      s+=i;
      n++;
   }
}
```

4.
```
#include<stdio.h>
void main()
{  int i,t=0;
   long s=1;
   for(i=1;i<=20;i++)
   {  t=i*(i+1);
      s+=t;
   }
   printf("%ld\n",s);
}
```

5.
```
#include<stdio.h>
void main()
{  int i,a,b,c,d,t;
   for(i=1;i<=2000;i++)
   {  a=i/1000;
      b= i/100%10;
      c= i/10%10;
      d= i%10;
      t=a*a*a+ b*b*b+ c*c*c+ d*d*d;
      if(i==t) printf("%d\n",i);
   }
}
```

6.
```
#include<stdio.h>
```

```
void main()
{ int i,n;
long t=0,s=0;
scanf("%d",&n);
for(i=1;i<=n;i++)
{   t+=i;
s+=t;
}
printf("%d\n",s);
}
```

7.
```
#include<stdio.h>
void main()
{ int i;
float t=-1,s=1;
for(i=2;i<=20;i+=2)
{    s+=t/i;
t=-t;
}
printf("%f\n",s);
}
```

8.
```
#include<stdio.h>
void main()
{ int i, t=1;
float s=1;
for(i=2;i<=20;i++)
{   t+= i;
s+=1.0/t;
}
printf("%f\n",s);
}
```

9.
```
#include<stdio.h>
void main()
{ int i;
float fm=2,fz=1,fs,t;
for(i=1;i<=10;i++)
{    fs=fz/fm;
printf("%f\n",fs);
t=fm;fm=fz+fm;fz=t;
}
}
```

10.
```
#include<stdio.h>
void main()
{ int i;
float t=1,s=1;
for(i=1;i<=14;i+=2)
```

巩固练习参考答案

```
       { t*=i*(i+1);
     s+=1/t;
     t=-t;
     }
     printf("%f\n",s);
     }
```

4.3 break 和 continue 语句
一、程序阅读题
1. **A**
   C
2. 1
3. i= 7
   i= 4
i= 1
i= - 2

二、编程题
4.
```
#include<stdio.h>
#define PI 3.14159265
void main()
{
int r;    float s;
for(r=1;r<=20;r++)
{ s=PI*r*r;
if(s>200) break;
printf("r=%d,s=%.2f\n",r,s);
} }
```
5.
```
#include<stdio.h>
void main( )
{int i;
for(i=20;i<=100;i++)
{ if(i%10==0)
{ printf("\n");   //使输出的显示每五个数换一行
continue;
}
printf("%5d",i);
}
printf("\n");
}
```

4.4 循环嵌套
一、程序阅读题
1. x=11，y=10，k=20
2. x=75
   y=55
3. x=1，y=6，k=19
4. （2011年高考题）

```
                *******
                *******
               *******
              *******
             *******
            *******
           *******
```

二、程序填空题

5.（2012年高考题）
①1　②j++;　③ i*j　④ while

三、编程题

6.
```
#include<stdio.h>
void main()
{  int i,j,s=0,n=0,f=1;
for(i=100;i<1000;i++)
{  f=1;
for(j=2;j<=i/2;j++)
if(i%j==0) { f=0; break; }
if(f==0) continue;
s+=i;
n++;
printf("%4d",i);
if(n%5==0)  printf("\n");
}
}
```

6.
```
#include<math.h>
main()
{  int i,j,k;
for(i=-3;i<=3;i++)
{
for(k=1;k<=fabs(i);k++)
printf(" ");
for(j=abs(i)-3;j<=3-fabs(i);j++)
printf("%d",4-abs(i)-abs(j));
printf("\n");}}
```

7.
```
#include<stdio.h>
#include<math.h>
main()
{
int i,j,k;
for(i=-3;i<=3;i++)
{
for(k=1;k<=fabs(i);k++)
```

```
       printf(" ");
       for(j=1;j<=7-2*fabs(i);j++)
       printf("%d",j);
       printf("\n");
       }
       }
```

8.
```
   #include<stdio.h>
   main()
   {
   int i,j,k,n;
   for(i=1;i<=5;i++)
   {n=i;
   for(k=1;k<=i;k++)
   printf(" ");
   for(j=1;j<=5;j++)
   {if(n>5)  n=1;
   printf("%d",n);
   n++;
   }
   printf("\n");
   }
   }
```

9.
```
   #include<stdio.h>
   #include<math.h>
   main()
   {
   int i,j,k;
   for(i=-5;i<=5;i++)
   {
   for(k=1;k<=fabs(i);k++)
   printf(" ");
   for(j=1;j<=11-2*fabs(i);j++)
   if(abs(i)%2==1)
   printf("#");
   else
   printf("%d",abs(i)/2);
   printf("\n");
   }
   }
```

10.
```
    #include<stdio.h>
    main( )
    {
    int i,j,k,n;
    for(i=1;i<=5;i++)
    {n=i;
```

```
for(k=1;k<=i;k++)
printf(" ");
for(j=1;j<=5;j++)
{if(n>5)   n=1;
printf("%d",n);
n++;
}
printf("\n");
}
}
```

第5章　数组

5.1　一维数组的定义及初始化
一、程序阅读题
1．852
2．4332
3．3040
4．1　　1　　2　　3
　　5　　8　　13　　21
5．24
二、编程题
略

5.2　二维数组的定义及初始化
一、程序阅读题
1．19
2．4
3．1　2　3　4　5　6
　　1　4
　　2　5
　　3　6
4．369
5．1
　　6　7
　　11　12　13
　　16　17　18　19
　　21　22　23　24　25
二、编程题
略

第6章　字符函数与字符串

6.1　字符数组与字符串
一、单项选择题
1．C　　2．A　　3．B　　4．A
5．A　　6．C　　7．D　　8．B

二、程序阅读题

9．abcd
　efgh
　ijkl

10．"XY"
　　\Ab

11．s,6

12．s=12345678

13．s=12

14．coy

三、程序填空题

15．①1　　　　　　②num*8+str[j]-'0'

16．①&&　　　　　②arr[j++]=i　　　　③j

17．①gets(str[i])　②a[i]=str[i][0]　　③a[i]=str[i][j]

四、编程题

略

6.2 字符串函数

一、单项选择题

1．D　　2．A　　3．C　　4．B
5．C　　6．C　　7．B　　8．A

二、程序阅读题

9．ABC6789

10．unlggeaaC

11．abcddddhi

12．&*@&&&

13．len=9

14．abcbcdef

三、程序填空题

15．①getchar()　　　②str[j++]=str[i]

16．①strlen(str)　　②str[i]==ch

17．①k=i　　　　　②k!=0

四、编程题

略

第7章　函数

7.1　函数的定义及类型

一、单项选择题

1．C　2．B　3．B　4．C　5．C　6．C　7．C　8．D

二、程序阅读题

9．2，1，1，2

10．s=7

三、编程题

略

7.2　函数的调用及返回

一、单项选择题
1．D   2．C   3．D   4．A   5．B   6．B
二、程序阅读题
7．7
8．5
9．p=-1
10．5.5
11．b=14
12．1，1
　　6，7
　　120，127
三、程序填空题
13．z=x>y?x:y
14．int a
15．①ch!='#'   ②return n
16．①k%3==0&&a2==7   ②k%3==0&&a1==7
四、编程题
略

7.3　函数的参数传递
一、单项选择题
1．A
2．B
3．C
4．A
二、程序阅读题
5．x=15
6．28.0
7．8
8．14
9．10,2,6,3,4,5,7,8,9,1,
10．2345556789
11．3900
12．2
三、程序填空题
13．p=i
14．①a[i]   ②a[9-i]
15．①-f   ②m
16．x 17．a[x][y]<a[i][j]
18．①int n   ②n*i
19．①a+b+c   ②b=0
20．①b[j]=i   ②return j   ③a[b[i]]
21．①a[m][n]<a[i][j]   ②a[m][j]   ③sum/5
22．①float prof,float price   ②cost*rate   ③float
23．①(int)((value*10+5)/10)   ②ponse,value

24．①fun(x+y,x-y)+fun(z+y,z-y)　　②a/b

7.4 变量的作用域及存储类别

一、单项选择题
1．C　　2．D　　3．D　　4．C　　5．B

二、程序阅读题
6．10，21
7．1，1
　　1，2
　　1，3
8．15
9．30 50
10．0 30 0
11．6，8
12．N
13．a=0，b=-10，c=-1
　　a=4，b=10，c=13
　　a=0，b=-10，c=13
　　a=6，b=10，c=25

三、程序填空题
14．①静态变量　　②'b'　　③(13)　　④'b'
15．①变量a,b的作用在整个程序中
　　②变量p1,p2,p3的作用在fun1函数中
　　③变量p4,p5,p6的作用在fun2函数中
　　④变量x,y的作用在主程序中

四、编程题
略

7.5 函数的嵌套及递归调用

一、程序阅读题
1．3　　2．360　3．1357　4．6　5．1
　　2 2
　　1
　　3 3 3
　　1
　　2 2
　　1
6．binary=1111011

二、程序填空题
7．①1　　②f(n-1)+f(n-2)
8．①n　　②i　　③a%i==0

三、编程题
略

第 8 章　文件

8.1　文件指针及文件的打开和关闭
一、单项选择题
1．B　2．B　3．C　4．D　5．B
6．D　7．C　8．A　9．B　10．B

8.2　文件的读/写操作
一、单项选择题
1．D　　2．D　　3．B　　4．C
5．A　　6．C　　7．C　　8．B

二、程序阅读题
9．m=10，n=20
10．m=13，n=57

三、程序填空题
11．①fopen　　　　　②r　　　　　　　　③9-i　　　　　④a[i]
12．①d3.dat　　　　②6*sizeof(char)
13．①FILE *fp　　　②fopen　　　　　　③fgetc　　　　④count+1
14．①str[i]!='\0'　　②str[i]-32　　　　　③str,100,fp

四、编程题
略

8.3　文件中的常用函数
一、单项选择题
1．B　　2．C　　3．B　　4．A　　5．D

二、程序阅读题
6．Jiangsu
7．Njiangsu
8．7 9 5 7 9

三、程序填空题
9．①rewind　　　　②fseek
10．0